D1068790

LA FÍSICA ES DIVERSIÓN

por
Susan McGrath

NATIONAL
GEOGRAPHIC
SOCIETY

Contenido

Edición en español
Copyright © 1993 C.D. Stampley Enterprises, Inc., Charlotte, NC USA
Todos los derechos reservados
ISBN 0-915741-45-8

Copyright © 1986 National Geographic Society, Washington, DC USA
All rights reserved

Introducción

"¡Pasajeros, a bordo!" Has estado en fila esperando durante media hora, con tu boleto en la mano y escuchando la bulla y los chillidos procedentes de la montaña rusa que pasa por encima. Ahora es tu turno. Te acomodas en el asiento. El carro avanza bamboleándose. Una cadena tira de tu carro elevándolo hasta lo alto de la primera pendiente empinada. En este momento no estás *probablemente* pensando en la física. Pero observa cuántos ejemplos de física vas a experimentar.

La cadena móvil se mueve con la electricidad. Al elevarte hasta lo alto de una pendiente, la cadena convierte la energía eléctrica en **energía gravitatoria potencial**, es decir, la energía almacenada que tienes cuando estás en una posición que te permite caer. La **gravedad** te arrastra. Estás bajando en picada por la empinada pendiente, convirtiendo tu energía potencial en **energía cinética**, que es la energía que tienes cuando estás en movimiento.

En lo alto de cada pendiente te sientes ingrávido, o sea, sin peso. Tu **inercia** mantiene el cuerpo momentáneamente subiendo mientras el carro baja aceleradamente. De repente, el carro entra en una curva muy pronunciada y ladeada. Sientes como si te fueras a salir del asiento. En realidad, los rieles inclinados fuerzan el carro a girar, empujando contra él con la **fuerza centrípeta**. Si no fuera por la inclinación de los rieles, tu carro seguiría derecho y brincaría fuera de ellos.

¡El carro entra en una vuelta de campana y estás boca abajo! ¿Por qué no te caes? La inercia y la fuerza centrípeta están en juego de nuevo. La inercia te mantiene moviéndote hacia afuera en línea recta. Las vias actúan contra la inercia por medio de la fuerza centrípeta y empujan el carro de manera que describe un círculo. La inercia te presiona hacia adentro, aun cuando el carro está boca abajo. Ahora, las pendientes son menos empinadas. La velocidad de los carros está disminuyendo. La **fricción** trabaja para disminuir la velocidad a que viajas hasta que te detienes.

Los términos en letras negritas se refieren a principios de la física. Muchos de estos términos vienen del griego. La propia palabra "física" se deriva de una palabra griega que significa "naturaleza".

La física es el estudio de la energía y la materia; y eso abarca

A la caza de emociones, estos visitantes del parque de diversiones, se sienten ingrávidos (sin peso) durante una fracción de segundo. En lo alto de la pendiente, los pasajeros continúan ascendiendo por un instante, aunque el carro ya está descendiendo. Esto sucede por la inercia, *sobre la cual verás más en la página 36.*

HANK MORGAN/RAINBOW

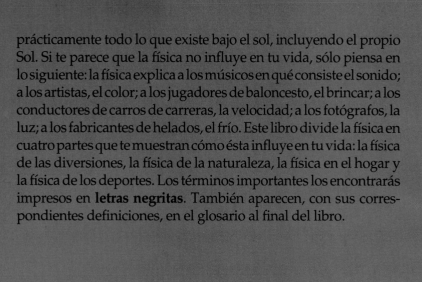

prácticamente todo lo que existe bajo el sol, incluyendo el propio Sol. Si te parece que la física no influye en tu vida, sólo piensa en lo siguiente: la física explica a los músicos en qué consiste el sonido; a los artistas, el color; a los jugadores de baloncesto, el brincar; a los conductores de carros de carreras, la velocidad; a los fotógrafos, la luz; a los fabricantes de helados, el frío. Este libro divide la física en cuatro partes que te muestran cómo ésta influye en tu vida: la física de las diversiones, la física de la naturaleza, la física en el hogar y la física de los deportes. Los términos importantes los encontrarás impresos en **letras negritas**. También aparecen, con sus correspondientes definiciones, en el glosario al final del libro.

*Los carros de la montaña rusa suben hasta lo más alto y dan la vuelta. Los pasajeros, completamente boca abajo, permanecen en sus asientos. La **fuerza centrípeta** y la inercia mantienen a todos a salvo en sus asientos. La física explica en qué consisten la fuerza centrípeta (ver página 83) y la inercia, y muchas otras cosas que antes parecían misteriosas o mágicas.*

HANK MORGAN/RAINBOW

4

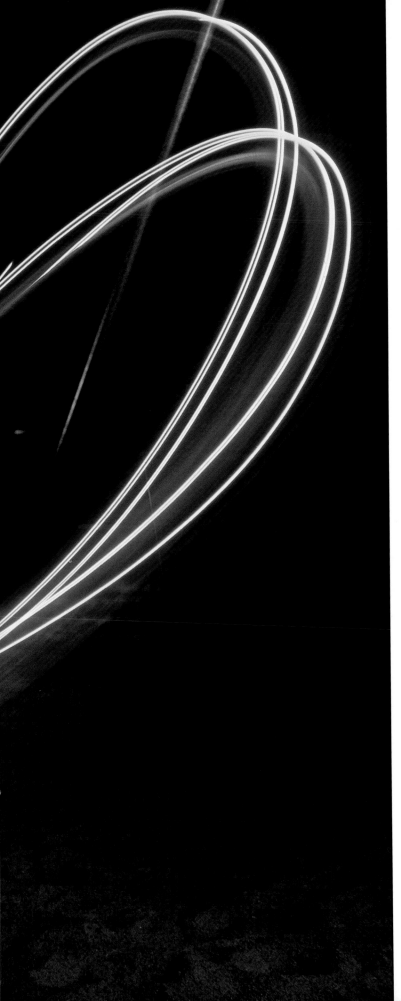

1

LA FÍSICA
de las
DIVERSIONES

Probablemente te meciste en un columpio por primera vez cuando eras tan pequeñito que no puedes recordarlo siquiera. Ahora, es cuestión de sólo montarte... y partir. Te inclinas hacia atrás y elevas tus piernas para moverte hacia adelante. Te inclinas hacia adelante y bajas las piernas para regresar.

Al mover tus piernas hacia adelante levantándolas, estás usando la energía correspondiente al movimiento, llamada por los físicos **energía cinética** o **energía de movimiento.** Cuando mantienes tus piernas en esa posición mientras el columpio cambia de dirección, la energía cinética se transforma momentáneamente en energía almacenada, que es la llamada **energía potencial.** Cuando bajas las piernas, la energía potencial se convierte de nuevo en energía cinética que ayuda a empujarte nuevamente en dirección contraria. En la bajada, la fuerza de **gravedad** ayuda a proporcionarte velocidad.

El columpio se mece de aquí para allá formando un arco. Los físicos llaman **movimiento armónico simple** a esta clase de movimiento. Para ilustrar el movimiento armónico simple, el fotógrafo le colocó seis luces pequeñas a la niña de la foto a la izquierda. Entonces él expuso la película fotográfica un poco más de lo usual. Durante la larga exposición, las luces describen arcos en el aire, mientras el columpio se mueve hacia adelante y hacia atrás.

La fricción: La fricción es la fuerza que actúa cuando dos superficies se frotan entre sí. Ella te ayuda de muchas formas, pero también te hace ir más despacio y produce calor.

La fricción entre tú y el aire disminuye la velocidad cuando montas en bicicleta. Al doblarte sobre el manubrio de la bicicleta, ayudas a disminuir la fricción del aire contra tu cuerpo. Las piezas del motor de un carro se calientan por la fricción entre ellas. La gente usa lubricantes para reducir la fricción. El lubricante más común es el aceite. Si aplicas aceite entre dos piezas que se mueven, las superficies de las piezas frotarán contra el aceite en vez de frotar una contra la otra. El aceite es resbaladizo y liso. Por tanto, permite que un mayor número de piezas puedan moverse sin recalentarse.

La Fricción

*Sentados en esterillas de nailon, los visitantes se deslizan fácilmente por una canal de fibra de vidrio. La pulida superficie de las esterillas aumenta la velocidad del descenso, porque las esterillas resbalan con facilidad sobre la fibra de vidrio. Un físico te diría que las esterillas disminuyen la **fricción** entre las personas y la canal. La fricción es una fuerza que ocurre cuando un objeto frota contra otro. Esta fuerza hace que las cosas marchen más despacio.*

WILLIAM DEKAY

¡Haz la prueba!

Frótate las palmas de las manos una contra la otra, con fuerza. El calor que sientes es el resultado de la fricción. Lubrica tus manos con loción o talco y frótate las manos de nuevo. Éstas resbalan entre sí con mayor facilidad y, por lo tanto, producen menos calor.

LOEL BARR *LB*

Este ciclista revisa el ajuste de los frenos de su bicicleta antes de partir. Los frenos de mano funcionan por fricción. Cuando aprietas los frenos, los cables presionan unas pequeñas almohadillas de caucho contra el borde de las ruedas delantera y trasera. La fricción entre las almohadillas de caucho y el aro de metal disminuye la velocidad a la que marchas. El ligero calor que sentirás si tocas las almohadillas es el resultado de la fricción.

9

Sube y Se Aleja

Las alas de los pájaros y los aviones cortan el aire. Parte del aire pasa por encima del ala; la otra parte, por debajo. Ambas corrientes de aire se topan, del otro lado, una contra otra y casi al mismo tiempo. El aire que pasa por encima del ala hace una curva y, por tanto, la distancia que cubre es mayor. Por esta razón debe aumentar la velocidad para llegar del otro lado del ala al mismo tiempo que el aire que pasa por debajo. El aire debajo del ala, más lento, empuja el ala hacia arriba con mayor fuerza que la corriente rápida hacia abajo. Esta diferencia entre las presiones hace que el ala se eleve.

En 1738, un científico suizo llamado Daniel Bernoulli descubrió la relación entre los fluidos (como el agua y el aire) que se mueven rápido y la presión. El **principio de Bernoulli** es el siguiente: la presión en un fluido disminuye cuando aumenta en velocidad. En los aviones, el principio nos explica por qué la corriente más lenta

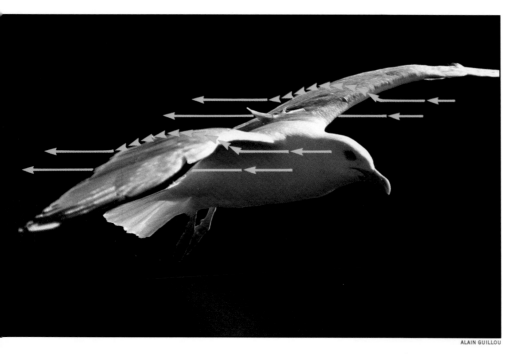

ALAIN GUILLOU

▶ *La niña corre en contra del viento agarrando fuertemente la cuerda de su papalote o cometa. Al igual que el aire sobre las alas de un pájaro, el aire que pasa por encima del papalote presiona menos sobre él que el aire que pasa por debajo. La presión mayor que existe debajo del papalote ayuda a que el aire empuje el papalote hacia arriba, donde volará hasta el extremo de la cuerda.*

◀ *Observa la forma de las alas de la gaviota. Las flechas indican la trayectoria que el aire sigue sobre las alas. La trayectoria curva es más larga que la trayectoria plana. La corriente de aire que sigue la trayectoria más larga (curva) pasa más rápido sobre las alas. Esta corriente rápida ejerce menos presión sobre las alas que la corriente más lenta. Esto se conoce como el **principio de Bernoulli.** La mayor presión sobre las alas crea una fuerza hacia arriba que se llama **fuerza ascensional.***

¡Haz la prueba!

Coloca el borde de un papel debajo de tu labio inferior. Sopla. ¿El papel baja? ¡No! El principio de Bernoulli entra en juego. Tu aliento reduce la presión sobre la parte superior del papel. La mayor presión está abajo y empuja el papel hacia arriba.

LOEL BARR

bajo las alas le da a éstas una fuerza que las eleva: la **fuerza ascensional.**

Las alas largas o anchas reciben mayor fuerza ascensional que las alas cortas o estrechas. Las alas que se mueven con mayor rapidez reciben más fuerza ascensional que las más lentas. Los aviones de combate son aviones de propulsión a chorro y se mueven a gran velocidad. Solamente necesitan alas cortas. Los planeadores se mueven más despacio y necesitan alas largas.

Los niños que aparecen a la derecha no reciben fuerza ascensional de alas curvas; sin embargo, el principio de Bernoulli está, de todas formas, ayudando a mantenerlos en alto. Están flotando en una corriente de aire a chorro que sale del piso en esta cámara de vuelo. La corriente de aire los empuja hacia arriba, en contra de la fuerza de gravedad. La mayor presión en el aire en calma total que está alrededor de los bordes de la habitación, los empuja hacia el centro de esta corriente a chorro de alta velocidad. Este movimiento demuestra cómo trabaja el principio de Bernoulli.

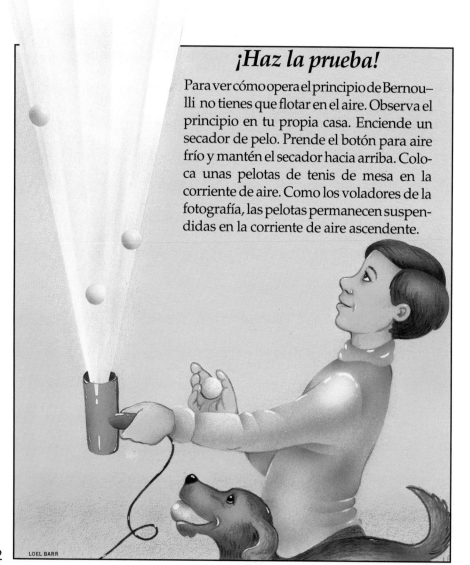

¡Haz la prueba!

Para ver cómo opera el principio de Bernoulli no tienes que flotar en el aire. Observa el principio en tu propia casa. Enciende un secador de pelo. Prende el botón para aire frío y mantén el secador hacia arriba. Coloca unas pelotas de tenis de mesa en la corriente de aire. Como los voladores de la fotografía, las pelotas permanecen suspendidas en la corriente de aire ascendente.

LOEL BARR

▶ *Bajo el piso de tela metálica, un propulsor lanza una poderosa corriente de aire. Ese viento arranca del piso a los visitantes, balanceándolos en medio del aire y en contra de la fuerza de gravedad que empuja hacia abajo. ¿Por qué no vuelan hacia los costados? El principio de Bernoulli es la razón. La veloz corriente está rodeada de aire en calma total. La fuerza hacia afuera con que empuja la corriente en movimiento es menor que la fuerza hacia adentro que emplea el aire en calma total para empujar hacia adentro. Si un volador flota hacia los bordes de la corriente de aire, el aire en calma total lo empuja nuevamente hacia adentro.*

El Porqué de la Flotación

La capacidad de flotar que tiene un objeto se conoce como **flotabilidad**. La flotabilidad no depende solamente del peso o de la configuración (forma). Depende de ambas cosas. Ésta es la razón por la cual una roca redondeada, pequeña, que pesa medio kilo, se hunde; mientras que un barco tanque de cien mil toneladas, que es largo y ancho, flota. La roca de medio kilo de peso desplaza una cantidad de agua que pesa menos que ella y, por lo tanto, se hunde. Las cien mil toneladas de peso del barco de acero se reparten sobre una superficie mayor, de manera que el barco desplaza una cantidad de agua que pesa tanto como el propio barco. Por consiguiente, el barco flota.

El desplazamiento es importante, porque es lo que determina si un objeto flota o se hunde. Cualquier objeto que cae dentro de un líquido, desplaza parte del líquido. Un objeto flotante pesa lo mismo que el agua que desplaza. Un objeto que se hunde pesa *más* que el agua que desplaza.

Los globos aerostáticos se mantienen en el aire por la misma razón que un barco tanque flota. Los globos flotan en el aire,

*Las cámaras de los neumáticos tienen gran **flotabilidad**; es decir, flotan con facilidad. La flotabilidad de un objeto depende de su peso y configuración. Estas cámaras infladas son grandes pero ligeras. Si estuvieran vacías y dobladas, las cámaras pesarían mucho en relación con su tamaño, y se hundirían.*

STEPHEN R. WAGNER

¿Por qué se hunde una bola de acero mientras que una taza de acero que pesa lo mismo flota? **1.** *Examina lo que sucede cuando tienes una bola de acero que pesa 1 kilo* (2 libras) y un vaso de laboratorio lleno de agua.* **2.** *Si dejas caer*

la bola dentro del vaso, el agua desplazada se desbordará y caerá dentro del vaso auxiliar. El agua desplazada pesa menos que la bola, y ésta se hunde. **3.** Comenzando de nuevo, coloca una taza de acero, vacía, que pese 1 kilo (2 libras),

en el vaso lleno de agua hasta el borde. La taza desplaza exactamente su peso, 1 kilo (2 libras) de agua, y flota. Cualquier objeto que flota desplaza un volumen o cantidad de agua que pesa exactamente lo que pesa el objeto.

*Las cantidades del sistema métrico decimal están redondeadas.

literalmente, de la misma manera que los barcos flotan en el agua. Los físicos clasifican como fluidos tanto el aire como el agua. Un globo aerostático desplaza el fluido (aire) en el cual flota, tal y como un barco desplaza el fluido (agua) en la cual flota.

En primer término, ¿cómo es que se eleva el globo aerostático? La tripulación debe conseguir que el globo pese *menos que el aire que desplaza.* Esto lo logra calentando el aire dentro del globo. El aire se expande cuando se calienta. Cualquier cantidad de aire caliente pesa menos que la misma cantidad de aire frío. Cuando la tripulación calienta el aire que está dentro del globo, este aire se torna cada vez más y más ligero en comparación con el aire más frío que desplaza. Eventualmente, como una burbuja en el agua, el globo se vuelve lo suficientemente ligero para poder elevarse. Deja de elevarse cuando el peso de la canasta, la tripulación y el aire que él contiene iguala el peso del aire que el globo desplaza.

◀ *Para mantenerse flotando a una altura determinada, un globo inflado con aire caliente debe pesar igual que el aire más frío que desplaza. Un globo desplaza el fluido (aire) en el cual flota, de la misma manera que un barco desplaza el fluido (agua) en la que flota.*

DAVID ALAN HARVEY

◀ *Estos nadadores exhalan chorros de burbujas de aire. Al ascender, las burbujas actúan exactamente como los globos aerostáticos cuando ascienden. Cada burbuja o globo pesa menos que la cantidad de fluido (agua o aire) que desplaza.*

Temas Pegajosos

La **adhesión** es la fuerza de atracción entre dos sustancias diferentes. Es la cualidad de pegajoso. Ocurre, por ejemplo, entre la arena y el agua. Cuando mojas arena, la adhesión se lleva a cabo entre las **moléculas** (partes pequeñísimas) de arena y las moléculas de agua. El agua se adhiere a la arena, cubriendo cada grano.

Hay una segunda fuerza de atracción que entra en juego cuando mojas arena. Se llama **cohesión.** La cohesión es la fuerza de atracción entre las moléculas de una misma sustancia. La cohesión, por ejemplo, hace que las moléculas de agua que cubren un grano de arena se adhieran también a las moléculas de agua que cubren otros granos de arena. El resultado es que los granos de arena aparentan estar pegados unos a otros formando una húmeda y compacta torta o panqué de arena.

El agua no se *siente* pegajosa, como la cola, la goma u otros

> *Si alguna vez has tratado de hacer un castillo de arena sabes que la arena seca no funciona. Tiene que estar húmeda. Esto es necesario porque las delgadísimas capas de agua alrededor de los granos de arena actúan como pegamento que mantiene juntos los granos de arena. Cuando el agua se seca, el castillo empieza a desmoronarse.*

¡Haz la prueba!

¿Es pegajosa el agua? Derrama un poco de agua en una superficie lisa de plástico o metal. Coloca una tortera sin abolladuras, firmemente, sobre el agua. Ahora tira de la tortera. ¿Encuentras resistencia? Ésa es la acción de la fuerza de adhesión del agua.

LOEL BARR

18

adhesivos más fuertes. Pero tiene poder adhesivo. Observa las gotas de lluvia al rodar por el vidrio de una ventana. Al rodar hacia abajo, la gota deja un rastro húmedo. Este agua que queda pegada al vidrio es un ejemplo de cómo actúa la adhesión. Pero la mayor parte de la gota se mantiene unida. Las gotas pegadas una a otra son muestra de la cohesión. La cohesión es tan fuerte en el agua, que una gota tiende a mantenerse intacta. Éste es el motivo por el cual una gota en el vidrio de una ventana se abulta o hincha en vez de desparramarse.

La gota de agua no es el único ejemplo de cohesión. Si llenas un vaso de agua en exceso, puedes observar cómo el agua se abulta sobre el borde superior sin derramarse. El agua se mantiene unida en la superficie mediante lo que pudiéramos llamar una especie de piel elástica. Esta tendencia de un líquido a formar una especie de piel se llama **tensión de superficie** o **tensión superficial**.

Una burbuja gigante de jabón envuelve a la niña (izquierda). ¿Por qué el agua jabonosa hace burbujas que duran más y son más grandes que las burbujas de agua pura? El jabón debilita la **tensión superficial** *del agua. Una vez que ha sido debilitada, la superficie puede estirarse para lograr formas fantásticas. Para hacer una burbuja gigante busca la página 30.*

¿Por qué lucen perfectamente redondas las gotitas de agua sobre una violeta? Esto sucede porque las moléculas de agua en una gota poseen una gran atracción entre ellas mismas. Ellas tiran del agua que está en la superficie de la gota. La superficie, que está tirante alrededor de toda la gota, actúa como una piel elástica. Los físicos llaman tensión de superficie a esta tendencia a formar una piel elástica. Algunos animales aprovechan esta tensión superficial del agua. ¿Has visto alguna vez el insecto llamado tejedor o zapatero? Este insecto de patas largas corre sobre la superficie del agua con saltitos rápidos. Él anda sobre la piel elástica del agua sin siquiera mojarse las patas.

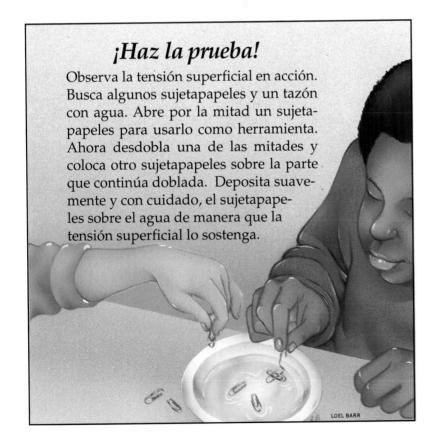

¡Haz la prueba!

Observa la tensión superficial en acción. Busca algunos sujetapapeles y un tazón con agua. Abre por la mitad un sujetapapeles para usarlo como herramienta. Ahora desdobla una de las mitades y coloca otro sujetapapeles sobre la parte que continúa doblada. Deposita suavemente y con cuidado, el sujetapapeles sobre el agua de manera que la tensión superficial lo sostenga.

LOEL BARR

21

Los Gases en Expansión

Tanto los fuegos artificiales como las palomitas de maíz estallan por la misma razón. El calor que existe en ambos hace que se forme un gas que es muchas, pero muchas veces más grande que la sustancia de donde procede.

Las moléculas de los sólidos o líquidos siempre están en movimiento. Aplícales calor y las moléculas se mueven más rápido, rebotan por todas partes y se obligan a sí mismas a mantenerse más alejadas unas de otras. Según se apartan las moléculas, la sustancia se expande. Con suficiente calor, se convierte en un gas. Por ejemplo, el agua cuando hierve se expande y forma vapor.

Después de que el técnico en fuegos artificiales enciende la mecha en un cohete, la pólvora dentro del cohete se prende y explota. Los gases calientes generados por la pólvora al explotar, ejercen presión en el interior del cohete y escapan hacia abajo por el extremo posterior. El cohete es lanzado hacia arriba y allí estalla, disparando partículas de color por el cielo.

La pólvora encendida dentro de los cohetes de los fuegos artificiales, se convierte en gases calientes y experimenta una enorme expansión. La presión producida por los gases en expansión es la causa de que los cohetes exploten en el aire.

Un grano de maíz crudo consiste en harina blanca dentro un hollejo duro y amarillento. Cuando calientas el grano, la pequeña cantidad de agua en la harina también se calienta. El calor hace que las moléculas de agua empiecen a moverse velozmente y a separarse. En cuestión de segundos, el agua se ha convertido en vapor que necesita mucho más espacio del que ocupaba el agua líquida. La presión del vapor va aumentando en el grano. De repente, ¡pum! El grano estalla dejando escapar el vapor. Derramando su blanca y ligera harina, la palomita de maíz sale volando.

Tira un guijarro en un estanque y verás ondas que se extienden hacia afuera desde el punto donde la piedra pegó en el agua. Golpea un gong y el aire a su alrededor también produce ondas. Las ondas sonoras se extienden hacia afuera en todas direcciones.

Los científicos llaman **ondas de compresión** a las ondas sonoras. Cuando golpeas el gong, éste vibra. Cada vez que el gong vibra hacia afuera, golpea rápidamente las moléculas de aire que están junto a él, transfiriendo una pulsación de energía cinética a las moléculas de aire y empujándolas hacia afuera. No llegan muy lejos cuando ya están tropezándose con otras moléculas y así continúan. Este proceso transfiere la pulsación de energía original lejos del gong. Entretanto, el gong, que continúa vibrando, invierte la dirección. Esto deja un espacio detrás de la primera pulsación de energía, y las moléculas de aire se separan nuevamente.

Cada minúscula vibración del gong provoca una enérgica oleada de choques seguida de un espacio en calma y relativamente vacío. La parte de la onda sonora que está comprimida o abarrotada se llama **compresión**. El espacio entre las compresiones se llama **rarefacción**. Cada longitud de onda de sonido consta de una sola compresión y una sola rarefacción. Cuando estas vibraciones en el aire llegan al oído, los minúsculos órganos dentro de los oídos las interpretan como sonido.

La música fluye de los tambores y las tubas. Las líneas dibujadas alrededor de una tuba muestran cómo las ondas sonoras se dispersan en todas direcciones alejándose de su origen. Si una tuba, por ejemplo, es la fuente de un sonido, produce vibraciones. Las vibraciones tiran del aire y lo empujan, provocando que grupos de moléculas de aire se compriman y se expandan. Estas ondas sonoras se llaman **ondas de compresión.**

Buenas Vibraciones

¡Ondas se despliegan hacia afuera dentro de una laguna! Las ondas sonoras se alejan de la fuente que las produjo formando un diseño parecido. Las ondas sonoras, sin embargo, no se mueven sobre una superficie plana como hacen las ondas en el agua. Las ondas sonoras se mueven en todas direcciones.

MARTIN DOHRN/SCIENCE SOURCE/PHOTO RESEARCHERS INC.

¡Haz la prueba!

Haz que un amigo sostenga un extremo del juguete de resorte llamado "Slinky". Sostén tú el otro extremo. Estira el resorte a lo largo de una mesa, dejándolo un poco suelto. Sacude rápidamente tu extremo, moviéndolo hacia tu amigo. Debes poder ver esa pulsación de energía moviéndose a lo largo del resorte. Ésa es una onda de compresión.

LOEL BARR

A Través del Espejo

Las ondas luminosas se reflejan en un espejo en forma muy parecida a una pelota que rebota y regresa a ti. Tira una pelota en línea recta contra una pared y la pelota rebotará también en línea recta hacia ti. Tira la pelota en ángulo contra la pared y la pelota rebotará alejándose de ti con un ángulo igual.

Si enfocas la luz de una linterna en línea recta contra un espejo, la luz se reflejará en línea recta de regreso hacia ti. Inclina el haz luminoso, y éste rebota alejándose. Los físicos llaman línea **normal** a la línea directa que sale del espejo. Si inclinas la luz, el ángulo entre el rayo luminoso y el normal es el **ángulo de incidencia.** El ángulo entre el normal y el rayo reflejado es el **ángulo de reflexión.** La **ley de la reflexión** afirma lo siguiente: el ángulo de incidencia es igual al ángulo de reflexión.

¿Cuántos jóvenes visitantes ves aquí? Los visitantes entraron a una habitación de tres lados. Las paredes son espejos. La habitación se convierte en un caleidoscopio gigante. La luz que se refleja de cada niño viaja hacia un espejo. Allí se refleja en un segundo espejo, de ahí a un tercer espejo, y así sucesivamente, hasta que los ocho niños, que vemos en la foto de la derecha, parecen una gran multitud.

¡Haz la prueba !

¡Construye un caleidoscopio en miniatura! Compra tres espejos de bolsillo. Con gomas elásticas, sujeta los espejos formando un triángulo de manera que cada espejo mire hacia adentro. Sostén el triángulo a nivel de tus ojos e introduce, lentamente, el borrador del lápiz. El lápiz se reflejará una y otra vez. Mueve el lápiz hasta conseguir ver el mayor número de reflexiones.

LOEL BARR

PHIL SCHERMEISTER (LAS DOS)

Atrapar los Rayos Solares

¿Cómo es que la gente de hoy en día atrapa el calor del sol para utilizarlo? Un método consiste en dejar que el sol brille sobre paneles oscuros que contienen agua. Después de que el agua se calienta, las tuberías se encargan de hacer circular el agua por la casa para calentar el aire.

La producción de *electricidad* utilizando la energía solar es más complicada. Esto requiere el uso de **células fotovoltaicas**, o células solares. En una célula fotovoltaica, la energía solar hace que los **electrones** produzcan una corriente eléctrica. Los electrones son partículas extraordinariamente minúsculas que existen en toda materia. La corriente eléctrica consiste en un chorro de electrones.

Cuando la luz del sol pega contra las tres **células solares** de forma parecida a pedazos de pastel, la energía en la luz provoca que los átomos emitan **electrones,** que son partículas cargadas de energía eléctrica. La corriente eléctrica es, pues, un chorro de electrones. La corriente fluye por un alambre hasta llegar a un motor que hace girar una bobina o carrete. Las púas o pinchos que cubren la bobina pulsan (tocan) unas lengüetas de metal que, a su vez, vibran, y crean la música.

Aunque parece normal, éste no es un tiovivo común y corriente. Funciona mediante los rayos solares. Los paneles junto a los carros contienen cientos de **células fotovoltaicas.** Las células convierten la luz del sol en la electricidad que da movimiento al tiovivo.

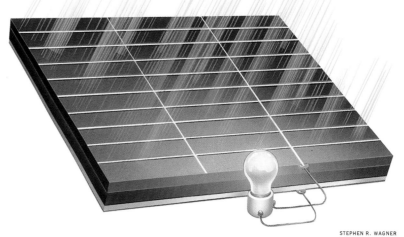

Una célula fotovoltaica tiene dos finas capas de diferentes clases de silicio, la sustancia principal de que está constituida la arena. La luz del sol golpea los electrones de la capa inferior de silicio hacia la capa superior, donde quedan atrapados. La parrilla de metal de arriba recoge los electrones. De ahí, los electrones fluyen, en forma de electricidad, por un alambre hasta un foco u otro dispositivo eléctrico. La corriente regresa a la célula por otro alambre.

Diviértete con la Física

Burbujas, Burbujas

Cosas que necesitarás:
1 taza de agua
1 taza de detergente líquido
1 taza de glicerina
   Molde de metal para hacer galletitas
   Percha de alambre

Lo que debes hacer: Mezcla el agua, el detergente y la glicerina en un frasco. Vacía la mezcla en la tortera o molde de metal. Dobla el alambre de manera que tenga una forma cerrada–un lazo, un cuadrado o un círculo–con un mango. Éste es el marco o armazón para las burbujas. Mete el marco en el líquido que preparaste y, lentamente, sácalo en ángulo de manera que una película de líquido quede extendida de lado a lado. Mueve el marco por el aire y entonces dale un golpecito suave a tu muñeca para liberar una burbuja gigante. *(Realiza esta actividad fuera de casa donde las burbujas no creen problemas al explotar.)*

La física en acción: Una burbuja de agua que no contiene jabón dura solamente una fracción de segundo. Una burbuja de agua jabonosa dura mucho más tiempo. Hay mucho más tras una burbuja de lo que parece a primera vista. Una burbuja de jabón es una burbuja de agua con jabón concentrado en la superficie interior y en la exterior. Las moléculas de jabón disminuyen la tensión superficial normal del agua, o sea, la tendencia del agua a mantenerse junta o unida. Esta disminución permite a las moléculas de agua extenderse y separarse unas de otras lo suficiente para formar una burbuja más duradera. Con la glicerina, el jabón que está en la superficie interior y exterior de una burbuja ayuda también a evitar que el agua se evapore y que la burbuja explote.

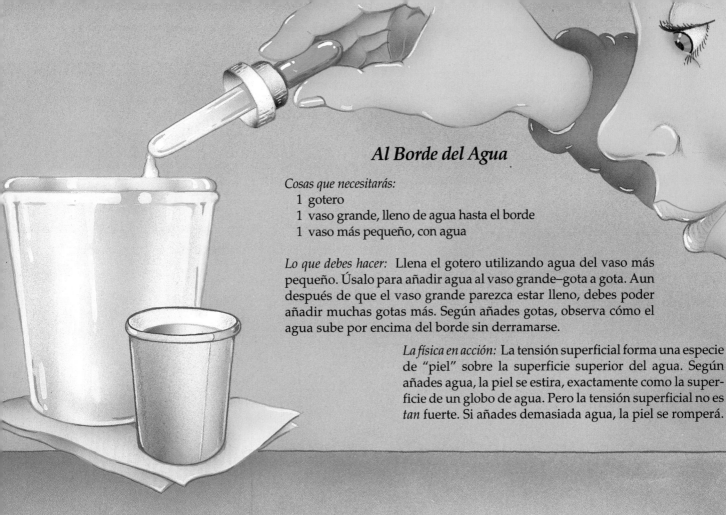

Al Borde del Agua

Cosas que necesitarás:
- 1 gotero
- 1 vaso grande, lleno de agua hasta el borde
- 1 vaso más pequeño, con agua

Lo que debes hacer: Llena el gotero utilizando agua del vaso más pequeño. Úsalo para añadir agua al vaso grande–gota a gota. Aun después de que el vaso grande parezca estar lleno, debes poder añadir muchas gotas más. Según añades gotas, observa cómo el agua sube por encima del borde sin derramarse.

La física en acción: La tensión superficial forma una especie de "piel" sobre la superficie superior del agua. Según añades agua, la piel se estira, exactamente como la superficie de un globo de agua. Pero la tensión superficial no es *tan* fuerte. Si añades demasiada agua, la piel se romperá.

Huevo Flotante

Cosas que necesitarás:
- 1 huevo fresco, cocido o crudo
- 1 vaso con agua, casi lleno
- 1 cucharita
-   Sal

Lo que debes hacer: Coloca el huevo, suavemente, dentro del vaso con agua. El huevo se hunde, ¿verdad? Ahora añade al agua dos cucharaditas de sal, bien llenas y revuelve alrededor del huevo. ¿Qué le pasa al huevo? Añade otras dos cucharaditas de sal. ¿Qué sucede? Continúa añadiendo sal hasta que el huevo cambie de lugar en el vaso.

La física en acción: El huevo se hunde al principio porque pesa más que el agua dulce que desplaza. Sin embargo, el agua salada es más pesada que el agua dulce. Cuando el agua está lo suficientemente salada, el agua salada desplazada por el huevo pesa más que el huevo y el huevo flota hasta arriba.

31

¿Cuál es la diferencia entre la música y el ruido? El ruido es sonido desorganizado. La música es sonido organizado que puede ser agradable al oído. Ésta se produce haciendo que un instrumento musical–o el aire que está dentro– vibre. Esto causa perturbaciones rítmicas en el aire que pulsan hacia afuera hasta llegar a los oídos del auditorio. Hay tres clases principales de instrumentos musicales. Tú puedes pulsar, tocar con un arco o golpear las cuerdas de un instrumento de cuerdas, como la guitarra, el violín o el piano; hacer vibrar una columna de aire en un instrumento de viento, como el clarinete o la trompeta; golpear, sacudir, o rascar las partes de un instrumento de percusión, como el tambor. Sigue las instrucciones que damos aquí para tener una orquesta hecha en casa. ¿Puedes producir... *música*?

¡Escucha, Oído!

Cosas que necesitarás:
   Goma elástica

Lo que debes hacer: Corta la goma elástica en un solo lugar. Coloca parte de ella entre tus dedos, estirándola hasta que esté bien tirante y púlsala con tu dedo del medio. El sonido que produce no es lo que pudiéramos llamar una tonada melodiosa, ¿no es cierto? Ahora sujeta la goma de manera que un extremo esté cerca de tu oído. Vuelve a pulsar. Probablemente todavía no es una tonada melodiosa, pero debe sonar a música. Experimenta con la goma más o menos tirante a ver si puedes producir distintos tonos. ¿Puedes tocar una melodía en la goma?

La física en acción: Una goma elástica que está tirante vibra produciendo ondas sonoras. Cambia la tensión o tirantez de la goma, y cambias el tono. El tono se determina por el número de veces que un objeto vibra durante un segundo. Una goma o cuerda bien tirante vibra más rápido que una floja y produce un tono o sonido más alto.

Cajita de Música

Cosas que necesitarás:
   Caja de cereal vacía
1 o 2 varillas delgadas de madera, o reglas
4 gomas elásticas

Lo que debes hacer: Estirando las gomas, colócalas alrededor de la caja. Desliza las maderas o reglas debajo de las gomas para separarlas de la caja. ¡Toca las "cuerdas" todo lo que quieras! Cambia de posición las maderas o las reglas deslizándolas a lo largo de la caja para cambiar el diapasón, o los tonos, del instrumento. ¿El sonido de tu cajita de música es más fuerte y sonoro que el de la goma que pulsaste cerca de tu oído?

La física en acción: Cuando las gomas vibran contra la caja, la propia caja comienza a vibrar. La caja, al vibrar, hace que una mayor cantidad de aire vibre, causando un sonido más fuerte. Este mismo principio, por el cual una caja o una tabla de armonía aumenta el sonido, es la base de los sonidos producidos por las guitarras, pianos, violines y otros instrumentos de cuerda.

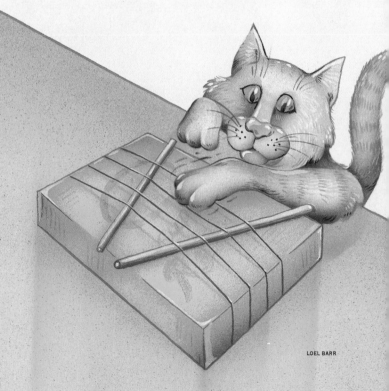

El Retintín de los Clavos

Cosas que necesitarás:
8 clavos de diferente tamaño,
        pero del mismo material
    Una percha
    Uno o dos metros de hilo
        o cordel delgado

Lo que debes hacer: Amarra pedazos de cordel o hilo–del mismo tamaño–en la cabeza de siete clavos. Ahora amarra los clavos a la percha. Cuélgala de manera que no esté cerca o en contacto con ningún objeto. Golpea suavemente los clavos con el otro clavo para hacer música.

La física en acción:
Tu carrillón de clavos es un idiófono–un tipo de instrumento de percusión que produce sonidos, naturalmente, cuando es golpeado. Las campanas y los platillos son otros idiófonos.

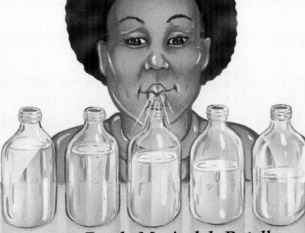

Banda Musical de Botellas

Cosas que necesitarás:
    Botellas idénticas de cuello estrecho (4 o más)
    Agua

Lo que debes hacer: Llena las botellas con diferentes cantidades de agua. Coloca el labio inferior contra la boca de una botella. Sopla sobre la abertura. Cambia la posición de los labios hasta que oigas un tono. Sopla sobre cada una de las botellas. Cambiando los niveles de agua, puedes cambiar el tono, o sea, cuán alto o bajo es el sonido.

La física en acción: Una botella parcialmente llena de líquido contiene aire en la parte superior. Cuando soplas sobre las botellas, haces vibrar el aire que está adentro, produciendo ondas sonoras. El diapasón del tono depende de cuán rápido vibra el aire. Las vibraciones serán lentas para un alto volumen de aire y sonarán bajas. Las vibraciones serán rápidas para un corto volumen de aire y sonarán altas.

Al Ritmo del Tambor

Cosas que necesitarás:
2 cucharas de madera
    Una lata grande de café
    Una goma elástica grande
    Una pizca de sal, azúcar o arena
    Un pedazo de material plástico para cubrir la lata

Lo que debes hacer: Extiende el pedazo de material plástico sobre la parte superior de la lata. Desliza la goma alrededor del plástico, para mantenerlo en su lugar. Deja caer la sal, azúcar o arena sobre el plástico. Ahora tamborilea ligeramente utilizando los mangos de las cucharas como palos de tambor. ¿Qué hacen las pequeñas partículas cuando golpeas tu tambor?

La física en acción: Las partículas se mueven de un lado para otro sobre el tambor porque el material plástico– que actúa como piel del tambor–vibra cuando lo golpeas. Las vibraciones de tu tambor casero hacen vibrar el aire también. Esto es lo que produce los sonidos que oyes.

33

2

LA FÍSICA
de la
NATURALEZA

Una rana es una saltadora muy potente. ¿Has tratado alguna vez de tocar una? La resbaladiza criatura probablemente saltó velozmente fuera de tu alcance. Algunas clases de ranas pueden saltar hasta veinte veces su tamaño.

Las musculosas patas traseras lanzan la rana por el aire. Una vez que está en el aire, la rana continúa lanzándose hacia arriba y hacia adelante. Entonces la gravedad la jala hacia abajo lentamente mientras ella prosigue hacia adelante. Si pudieras trazar la trayectoria o ruta del salto de la rana, trazarías una curva llena de gracia. Lanza cualquier objeto pesado que no pueda volar por sus propios medios y se deslizará hacia arriba, hacia adelante y hacia abajo de la misma manera. (Un objeto muy ligero, como una pluma de ave, no seguirá esta curva porque la resistencia ofrecida por el aire la alterará.) La curva típica descrita anteriormente se llama **arco parabólico.**

Lo mismo que la física puede predecir que la trayectoria del salto de una rana dibujará un arco parabólico, también puede la física predecir y explicar más o menos todo lo que pasa en el mundo de la naturaleza a tu alrededor: truenos, rayos, arco iris, puestas de sol y hasta cómo encuentran su camino los murciélagos en la oscuridad. Las páginas siguientes explicarán los principios físicos que actúan en algunas de esas cosas que ocurren en la naturaleza.

35

Arriba, Encima, Abajo

Las cenizas volcánicas, una rana y tú tienen algo en común. Cada uno tiende a continuar moviéndose una vez que está en camino. Si dudas esto, imagínate que estás en un autobús. El chofer aprieta los frenos. El autobús se tambalea hasta detenerse, pero tú no. Te vas contra el asiento delante de ti.

No paraste de moverte cuando el autobús se detuvo a causa de la **inercia.** Los frenos del autobús actuaron para pararlo, pero no actuaron sobre ti. La inercia te mantuvo en movimiento hasta que el asiento delante de ti utilizó una fuerza y te detuvo.

Todos los objetos tienen inercia. Es una característica física que mantiene en movimiento las cosas que se están moviendo o mantiene quietas las que están inmóviles–a menos que una fuerza externa actúe sobre ellas. La inercia te mantuvo en movimiento dentro del autobús hasta que la fuerza del asiento delante de ti te detuvo. Un objeto estacionario, como una piedrecilla que está sobre el suelo, continuará allí inmóvil a menos que una fuerza externa, como tu zapato pateándola, la mueva.

▼ *Una rana salta y pronto aterrizará sobre la hoja del próximo lirio de agua. Si no hubiera una fuerza de gravedad tirando de ella, la criatura se dispararía siguiendo la trayectoria recta que muestra la línea de rayas rojas. Eso es lo que dice la primera ley del movimiento del físico Isaac Newton: Un objeto en movimiento continuará moviéndose en línea recta a menos que una fuerza externa actúe sobre él. En la Tierra, la fuerza de gravedad influye sobre la trayectoria de la rana. De manera que, en vez de continuar en línea recta, la rana–describiendo una curva–regresa al suelo atraída por la gravedad. Su trayectoria es un arco parabólico. La gravedad afecta el movimiento hacia arriba y hacia abajo de la rana, pero no su movimiento hacia adelante. La rana ha llegado tan lejos como lo hubiera hecho si hubiera continuado en línea recta.*

▶ *La fuerza de los gases calientes dentro de la Tierra lanza rocas y cenizas en un volcán. Los objetos trazan curvas de fuego en forma de **arcos parabólicos.** Los objetos que no pueden volar por sí mismos trazan un arco parabólico cuando son lanzados. Estos objetos se llaman **proyectiles.** Si tiras una roca o una pelota de béisbol, la roca o pelota se convierte en un proyectil.*

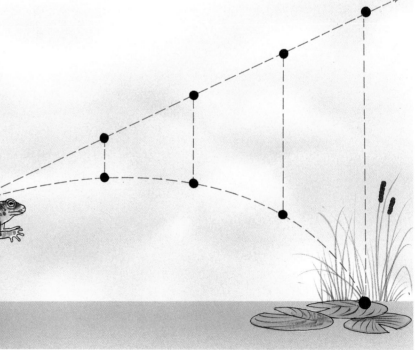

BARBARA L. GIBSON

Las moléculas están compuestas de unidades más pequeñas llamadas **átomos.** Los electrones, que tienen una carga eléctrica negativa, zumban alrededor del centro de cada átomo. En el centro del átomo, unas partículas llamadas protones tienen una carga eléctrica positiva. Las cargas positivas y negativas por lo general se cancelan mutuamente, neutralizando al átomo. Pero un átomo puede adquirir un electrón extra y se torna negativo.

Cuando algo que se convierte en carga negativa toca algo de metal, que es un buen conductor de electrones, los electrones brincarán al metal. La transferencia de energía produce una minúscula descarga eléctrica.

La electricidad que se desarrolla de esta manera se llama **electricidad estática.** En las nubes, esta clase de electricidad se desarrolla debido a la fricción entre el aire y pedacitos de hielo o gotitas de agua. Cuando la electricidad se ha desarrollado lo suficiente, los electrones zigzaguean en forma de rayos entre las nubes o hacia el suelo. Esta gigantesca pulsación de energía eléctrica azota el aire– ¡pum!–lanzando inmensas ondas sonoras llamadas truenos.

Rayo Poderoso

◄ *El relámpago que centellea cerca de las casas de la granja es la misma clase de fuerza que abastece tu lámpara de lectura: la electricidad. La electricidad es un chorro de electrones que emiten energía en forma de luz y calor. En los relámpagos, los electrones centellean entre las nubes o desde una nube al suelo.*

► *Cuando frotas el globo contra un trapo, el globo adquiere electrones. Ellos le dan al globo una carga eléctrica negativa. Cuando sostienes el globo cerca del gato, la carga negativa repele o rechaza parte de la carga negativa de su pelo. Esto deja el pelo con una carga positiva. Las cargas positiva y negativa se atraen, de manera que el pelo se levanta hacia el globo. Los minúsculos crujidos que puedas escuchar son causados por la* **electricidad estática.**

ROGER RESSMEYER

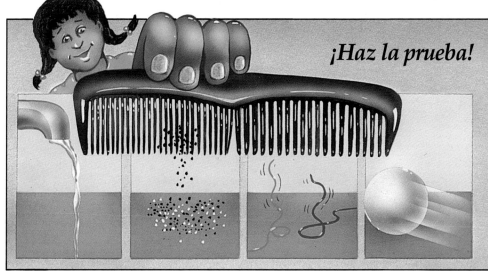

¡Haz la prueba! Dale a un peine una carga negativa frotándolo contra una prenda de piel, seda, nailon o lana. Sostenlo cerca de algún objeto que se mueva fácilmente y observa qué es lo que atrae. Prueba un chorrito de agua, sal y pimienta, hilos, una pelota de tenis de mesa, o cualquier otra cosa.

LOEL BARR

HELMUT GRITSCHER/PETER ARNOLD (PÁGINA OPUESTA)

Metal líquido y caliente se mueve por todas partes junto con la roca derretida y los minerales que constituyen el centro de la Tierra. El movimiento del metal líquido crea el **campo magnético** alrededor de la Tierra. Los electrones, girando alrededor de los átomos del metal caliente, producen una fuerza magnética.

Cada electrón de cada sustancia atrae como un minúsculo imán. En la mayor parte de las sustancias, los electrones giran en dirección opuesta unos de otros, lo cual cancela su magnetismo. Es por eso que la mayor parte de los materiales no actúan como imanes.

Pero en algunas sustancias, los electrones de la parte exterior puede ser que giren en la misma dirección. La fuerza magnética combinada de esos electrones produce un campo magnético y esa sustancia actúa como un imán. Entre los metales, solamente el hierro, el níquel y el cobalto –u otros metales mezclados con los ya mencionados– pueden actuar como imanes. Y únicamente esos metales pueden atraer imanes.

▲ *Un misterioso y parpadeante resplandor llamado **aurora boreal** ilumina el cielo nórdico. Estas cortinas de luz, llamadas algunas veces luces nórdicas, son causadas por partículas atómicas solares cargadas de electricidad. Normalmente, un área alrededor de la Tierra llamada **campo magnético** atrapa estas partículas. Pero tormentas en el Sol bombardean los planetas con ellas varias veces al año. Estas partículas siguen el campo magnético y entran en la atmósfera terrestre cerca de los Polos Norte y Sur, causando un resplandor. Estas luces normalmente aparecen solamente en las partes de la Tierra más cercanas al Norte o al Sur. En el Sur se llaman **aurora austral.***

Un Planeta 'Atrayente'

ROGER RESSMEYER

▲ *Una aguja magnética dentro de su brújula le muestra a la niña la dirección enfrente de ella. La aguja es sensible al campo magnético de la Tierra. Los extremos del campo magnético de la Tierra, cerca de los Polos Norte y Sur, se llaman los **polos magnéticos.** Un mismo extremo de la aguja de la brújula es el que siempre apunta hacia el polo magnético del Norte.*

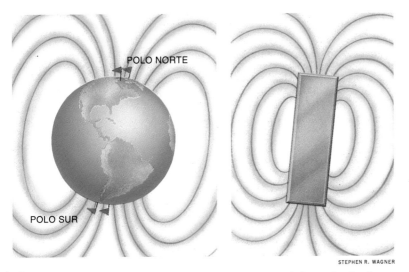

POLO NORTE

POLO SUR

STEPHEN R. WAGNER

▲ *La Tierra tiene un campo magnético como el de un imán de barra. Los campos magnéticos forman diseños como los de la ilustración, pero son invisibles. Ellos describen una curva entre un polo magnético y el otro. Estos campos son más fuertes cerca de los polos magnéticos. Los Polos Norte y Sur de la Tierra (banderas azules) están cerca de los polos magnéticos (banderas rojas.)*

Rápidos Clics para Atrapar Comida

Si estás parado en una esquina y oyes la sirena de un camión de bomberos, casi con seguridad puedes cerrar los ojos y decir, aproximadamente, dónde se encuentra, en qué dirección se mueve y cuán rápido va. Tus oídos te lo dirían.

Para obtener la misma clase de información los murciélagos no escuchan solamente los sonidos que hacen otras cosas. Ellos producen sus propios sonidos, de tonos tan altos que un ser humano no puede oírlos. Captando los ecos que regresan, el murciélago puede saber la distancia, velocidad, forma, ruta, tamaño y hasta la textura de un objeto no más grueso que un cabello.

Los sonidos de los murciélagos se llaman ultrasonido. Los delfines usan el ultrasonido para navegar. Los marinos usan el ultrasonido, producido por aparatos, para examinar el fondo del mar. Los médicos lo usan para descubrir problemas dentro del organismo de los pacientes.

¡Haz la prueba!

Quita los objetos que pueda haber entre una pared grande de ladrillos y tú. Párate frente a la pared, a 20 pasos. Cierra los ojos, da unas palmadas y escucha a ver si hay un eco. Da un paso hacia la pared y palmotea nuevamente. Repite esto muchas veces. ¿Puedes usar el sonido para determinar tu distancia de la pared?

LOEL BARR

Los murciélagos rojos usan un sistema llamado **ecolocalización.** Cada murciélago hace clics rápidos en la garganta y las ondas sonoras que producen rebotan en los obstáculos regresando a los sensibles oídos del murciélago. La dirección y el ritmo de los ecos le dicen al murciélago exactamente dónde se encuentra el obstáculo.

Para encontrar y cazar un insecto en el aire, un murciélago primero envía su señal usual, los clics que descubren obstáculos. Cuando encuentra un pequeño obstáculo que vuela, el murciélago empieza a emitir clics con mayor rapidez. Dirige un estrecho chorro de ondas sonoras (en azul) hacia el insecto. Dirigiéndose hacia la fuente de los ecos (en anaranjado), el murciélago agarra y se traga a su presa.

Receta para un Arco Iris

Sal afuera después de llover. Si tienes suerte, un arco delicado y multicolor aparecerá atravesando el cielo. Ese arco iris demuestra lo que el físico Isaac Newton descubrió en 1666: que la luz blanca corriente consiste en una mezcla de luces de diferentes colores.

Para hacer un arco iris, los rayos solares atraviesan el cielo por encima de tu cabeza y pegan contra una lejana cortina de gotitas de lluvia. Cada rayo penetra la minúscula gota redonda. El rayo se dobla ligeramente y se abre como abanico, mostrando sus colores: rojo, anaranjado, amarillo, verde, azul y morado. Este abanico multicolor se refleja hacia fuera del interior de la gota de lluvia y se dirige hacia ti. Según sale de la gota, el abanico de colores se dobla nuevamente y los colores se esparcen un poquito más. Cuando finalmente llegan a ti, los colores están tan esparcidos que solamente puedes ver un color por gota.

Este proceso ocurre, al mismo tiempo, en millones de gotitas de lluvia. Por eso es que puedes ver todos los colores cuando miras un arco iris.

No uno, sino dos arco iris atraviesan el cielo sobre un río. Un arco iris aparece cuando los rayos solares entran en millones de gotitas de lluvia. Cada gota hace que la luz se separe desplegando los colores del arco iris. Entonces, la luz se refleja de regreso al espectador. Cuando la luz del sol se refleja <u>dos veces</u> dentro de cada gota, aparece un segundo arco iris. Éste es más pálido porque parte de la luz se pierde en la segunda reflexión. Notarás que los colores del segundo arco iris están en orden invertido. Esto sucede porque fueron reflejados otra vez.

*Los **prismas** de cristal doblan la luz, la esparcen y la reflejan en la misma forma que las gotitas de lluvia. Aquí, cada haz de luz blanca que entra en los prismas por los costados se dobla y extiende, desplegando sus colores. Los colores se reflejan del interior de los prismas, se doblan de nuevo y se extienden un poquito más al salir de los prismas. Cada prisma produce un brillante **espectro** multicolor o gama de colores. En la naturaleza, cada gotita de agua refleja hacia ti solamente uno de los colores que se han separado, de manera que se necesitan muchísimas gotitas de lluvia para producir un arco iris.*

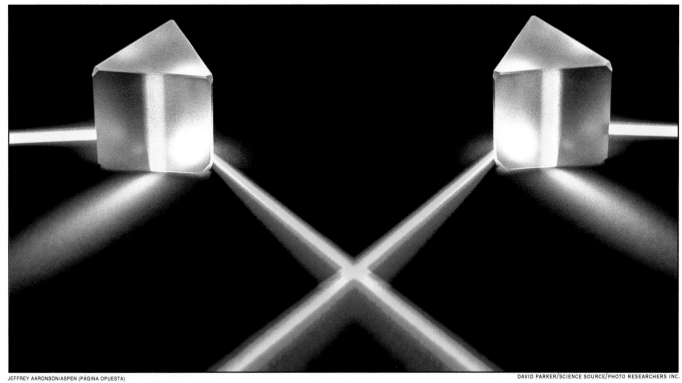

JEFFREY AARONSON/ASPEN (PÁGINA OPUESTA)

DAVID PARKER/SCIENCE SOURCE/PHOTO RESEARCHERS INC.

45

Diseñados para Brillar

Imagina que estás recostado en una hamaca azul, viendo una puesta de sol. El cielo se vuelve más y más oscuro. Mira tu hamaca. No es azul en la oscuridad. ¡La hamaca se vuelve negra!

Puede ser difícil de creer, pero los objetos no tienen, en realidad, colores propios. Tienen propiedades que *reflejan* los colores de la luz que brilla sobre ellos. Eso quiere decir que, cuando no hay luz, tu hamaca y todos los demás objetos no tienen color.

Cuando la luz incide sobre la hamaca, sustancias químicas en la hamaca llamadas **pigmentos** absorben la mayor parte de los colores de la luz. Pero el azul se refleja hacia ti y la hamaca luce azul. El pigmento, o color químico, es la base más común de los colores. La mayor parte de los colores a tu alrededor–el verde de las hojas, hasta el propio color de tu piel–se deben a los pigmentos.

Hay otra clase de color llamado **iridiscente** o **tornasol**. El color iridiscente es causado por microscópicas estructuras en los objetos, no por los pigmentos. La iridiscencia produce colores más puros y más fuertes que los pigmentos, de la misma manera que la luz de un rayo láser es más pura y fuerte que la luz ordinaria. Los esplendorosos y brillantes colores del pavo real y de algunas mariposas son ejemplos de la iridiscencia.

¿Cómo es que un color iridiscente depende de estructuras microscópicas? Estas estructuras de capas múltiples en las alas de las mariposas y en las plumas de los pájaros reflejan ondas luminosas de manera que unos colores se cancelan y otros se refuerzan. En la mariposa iridiscente de la izquierda, minúsculas aristas en sus escamas cancelan la mayoría de los colores. El azul se refleja y se acentúa. El azul, sin embargo, sólo se refleja desde ciertos ángulos. Cambia el ángulo de la luz, y el azul se convierte en morado y en un color pardo o marrón, como el lodo.

*Millones de escamas microscópicas en las alas de una mariposa están estructuradas de manera que reflejan la luz–pero sólo la luz azul. Un color brillante creado por la luz reflejada es lo que se llama **iridiscencia.***

Los colores del pavo real provienen de la luz reflejada en las minúsculas y brillantes capas de escamas–una encima de otra–de cada pluma. Este color iridiscente es más brillante que la coloración normal de la mayoría de los pájaros.

Los iridiscentes colores de una burbuja son causados por los rayos de luz que se reflejan tanto en la superficie interior como en la exterior de la burbuja. Ambos grupos de reflejos se combinan en diferentes formas, dependiendo del ángulo de reflexión y del grosor de la película de jabón y agua que forma la burbuja.

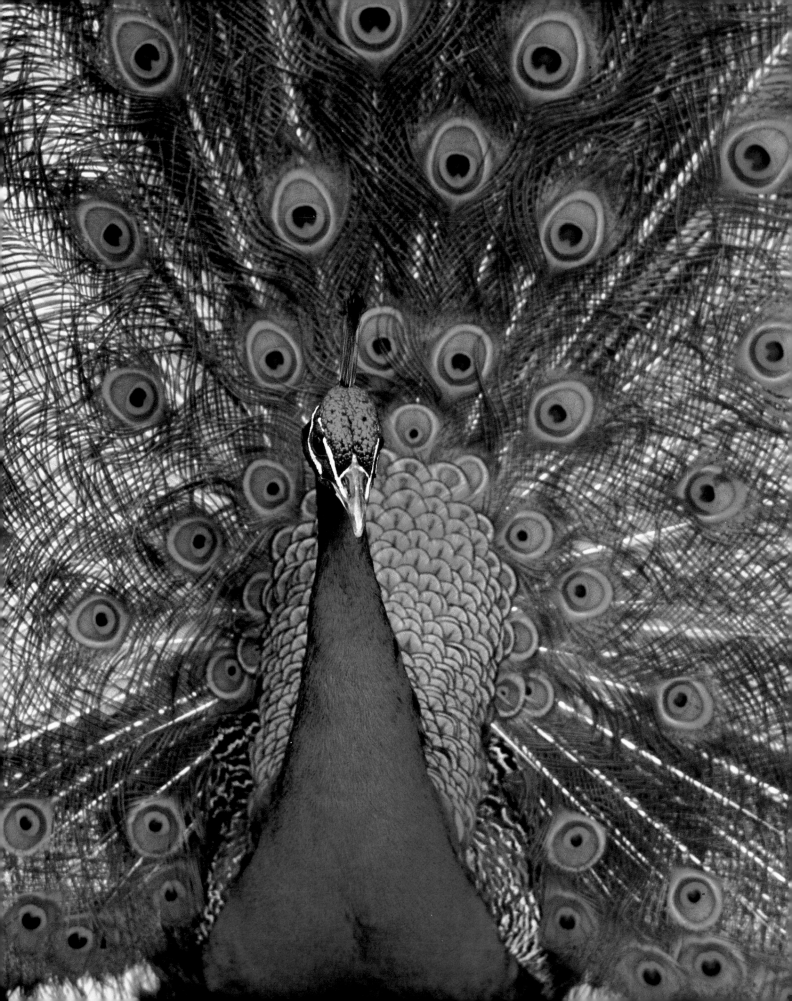

El Color sobre Ti

Si alguna vez te has preguntado por qué el cielo que luce azul durante todo el día, luce rojo o rosado al amanecer y al atardecer, sigue leyendo.

La atmósfera de la Tierra forma una manta de aire que se vuelve más y más delgada al aumentar la altura. En altitudes de alrededor de 16 kilómetros (10 millas) o menos, miles y miles de millones de partículas, demasiado pequeñas para poderse ver, flotan en la atmósfera. Cuando la luz del sol pega contra ellas, sus diferentes colores rebotan fuera de las partículas y se **dispersan**. El azul y el morado se dispersan más. El rojo y el anaranjado son los que se dispersan menos.

Cuando el sol está alto en el cielo los rayos pasan a través de la menor cantidad de atmósfera. Cuando estás parado en la tierra, el cielo te parece azul porque la luz azul es la que se dispersa más. Cuando el sol está bajo, en el amanecer y el atardecer, los rayos viajan a través de una parte de la atmósfera que es mucho más gruesa que la que atraviesan al mediodía. Con los rayos de la mañana o de la tarde, casi todo el color azul se ha dispersado fuera de los rayos. El rojo es lo que queda para darle color al cielo.

JEFFREY AARONSON/ASPEN

▲ *¿Por qué es azul el cielo? Cuando las ondas cortas de la luz solar (moradas y azules) chocan contra las minúsculas partículas en el aire, esos colores rebotan y se dispersan. Los cielos azules se deben a esta* **dispersión**. *Las ondas más largas (otros colores) ignoran estas partículas y las pasan de largo.*

© DAN WHITE 1980

▶ *Observando el lejano planeta Tierra desde la Luna, puedes ver que el "cielo" de la Luna luce negro, aun de día. Eso sucede porque la Luna no tiene atmósfera; por lo tanto no hay partículas atmosféricas para dispersar la luz del Sol. El ambiente, despejado y sin aire, te permite ver lejos en la negrura del espacio.*

▼ *Es media mañana, pero las cenizas de una erupción volcánica han oscurecido el cielo y las luces en las calles han sido encendidas de nuevo. La gruesa y densa capa de partículas de cenizas volcánicas ha dispersado completamente la luz azul, permitiendo que sólo llegue a la Tierra la luz con colores del atardecer.*

NASA (PÁGINA OPUESTA)

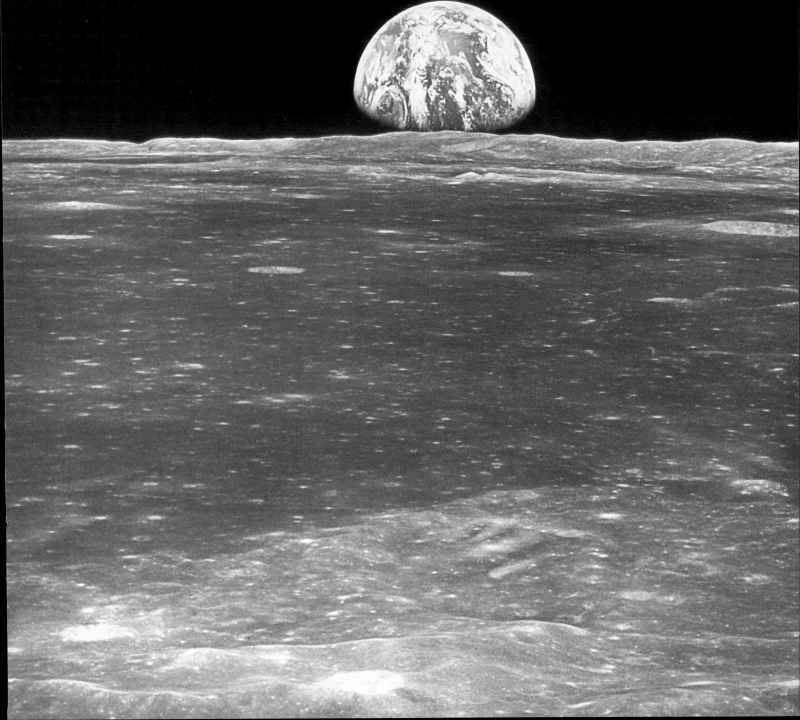

Diviértete con la Física

Cosas que necesitarás:
1 botella de refresco, vacía
1 globo
1 embudo
1 cucharada de
    bicarbonato de sodio
3 cucharadas de vinagre
    blanco

¡Gas!

Lo que debes hacer: Infla el globo unas cuantas veces para estirarlo. Sostén el globo vacío con la abertura hacia arriba y, usando el embudo, deja caer el bicarbonato de sodio, poco a poco, dentro del globo. Deja a un lado el globo y echa el vinagre dentro de la botella de refresco. Ahora desliza la abertura del globo sobre la boca de la botella. Una vez que el globo está bien fijo a la botella, levanta el globo para que el bicarbonato de sodio caiga sobre el vinagre...¡y diviértete observando!

La física en acción: La mezcla de bicarbonato de sodio y vinagre produce un gas llamado dióxido de carbono o anhídrido carbónico. El gas pone presión en el globo y lo infla. Algo similar ocurre en un volcán. Cuando la roca dentro de la Tierra se derrite, se producen gases. Los gases ocupan *mucho más* espacio que los ingredientes sólidos o líquidos que los produjeron. Los gases están atrapados debajo de la Tierra, hasta que su presión aumenta tanto, que se abren camino hacia afuera con una explosión.

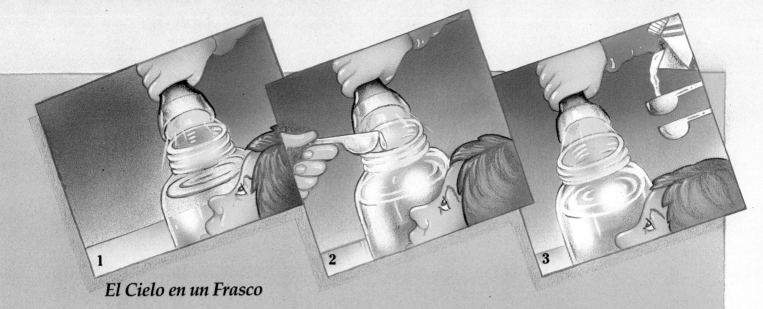

El Cielo en un Frasco

Cosas que necesitarás:

Un frasco transparente con agua potable
Una linterna   ¼ de taza de leche
Una cuchara

Lo que debes hacer: **1.** Coloca la luz detrás del frasco y dirige el rayo de manera que atraviese el agua. ¿Tiene el agua algún color? **2.** Pon una cucharada de leche dentro del agua y revuélvela. Ilumina con la luz de la linterna como hiciste anteriormente. ¿Puedes ver el color azul? **3.** Añade otra cucharada de leche e ilumina nuevamente. Continúa añadiendo cucharadas de leche, revolviendo e iluminando hasta que el líquido se vea rosado.

La física en acción: Cuando hiciste brillar la luz a través del agua pura, no viste ningún color. Así es como tu verías el cielo desde la Luna. No habría aire en el espacio encima de ti y, por lo tanto, no habría partículas para dispersar la luz. Verías la claridad (y, más allá, la negrura del espacio.) Cuando primero añadiste leche, las ondas de longitud azul se dispersaron fuera de las partículas de leche, de la misma manera que ocurre en el cielo del mediodía. Cuando añadiste más leche, tu "atmósfera" se hizo más espesa y dispersó las ondas de longitud roja que quedaban, tal y como sucede en la verdadera atmósfera al amanecer y al atardecer.

Norte, Sur, Este, Oeste

Cosas que necesitarás:

Una aguja   Un pañuelo de papel
Un vaso con agua   Un tenedor
Un imán

Lo que debes hacer: Primero, magnetiza la aguja. Frota cien veces la aguja contra el imán, siempre en la misma dirección. Los grupos de átomos en la aguja se alínean por la frotación, de manera que sus electrones giran en la misma dirección y crean un campo magnético. Arranca un pedazo cuadrado del pañuelo de papel, del tamaño de un sello de correos. Colócalo sobre el agua y pon la aguja encima del papel. Con el tenedor, pincha suavemente el papel hasta que se hunda. La tensión superficial debería sostener la aguja encima del agua. ¿Se mueve la aguja lentamente de manera que apunta en una dirección? Gira el vaso con cuidado. ¿Tiende la aguja a apuntar siempre en la misma dirección?

La física en acción: Has hecho una brújula. La aguja se alínea con las líneas de fuerza magnética entre los polos magnéticos del Norte y del Sur de la Tierra. Si sabes dónde está el Norte, sabrás cuál extremo de la aguja está apuntando hacia él.

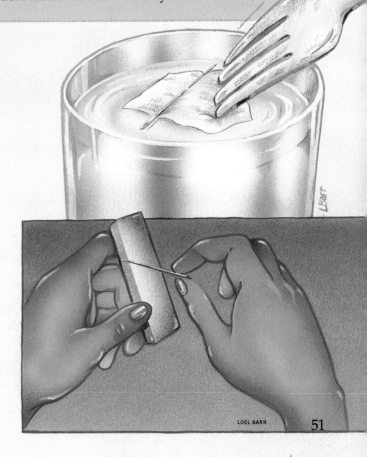

LOEL BARR

51

Arco Iris Casero

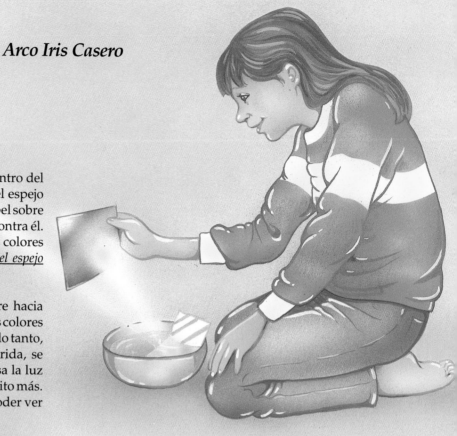

Cosas que necesitarás:
  Un tazón con agua dulce
  Un pequeño espejo
  Un pedazo de papel blanco
  Luz solar directa

Lo que debes hacer: Apúntala o sostén el espejo dentro del tazón con agua de manera que la mayor parte del espejo esté bajo el agua y refleje la luz del sol. Sostén el papel sobre el espejo de manera que el reflejo de la luz pegue contra él. Sostén el papel sin que se mueva. Deberás ver los colores del arco iris sobre él. _No mires_ la luz reflejada _en el espejo_ porque podría dañarte los ojos.

La física en acción: Al pasar la luz solar del aire hacia adentro del agua, se refracta o dobla. Los diferentes colores de la luz del sol se doblan de manera diferente, por lo tanto, los colores se separan. La luz, refractada y colorida, se refleja del espejo que está bajo el agua. Según pasa la luz reflejada hacia afuera del agua, se refracta un poquito más. Cuando la reflexión pega contra el papel, debes poder ver los colores del arco iris.

A Través de una Pluma

Cosas que necesitarás:
  Una pluma
  Una vela, linterna u otra luz eléctrica

Lo que debes hacer: Pide permiso a un adulto si vas a trabajar con una vela. (Para esta actividad, la vela es lo que funciona mejor.) Sostén la pluma contra la luz–no demasiado cerca, si es una vela. Cierra un poco los ojos y mira de cerca a través de las barbas (secciones parecidas a los pelos) de la pluma. ¿Ves manchas tenues de luz coloreada entre las barbas de la pluma? Si al principio no las ves, continúa mirando.

La física en acción: Cuando la luz pasa a través de las estrechas aberturas entre las barbas, se difracta o dobla alrededor de los bordes de las barbas. Parte de la luz difractada se mezcla con la luz difractada de otras rendijas entre las barbas. La luz así mezclada refuerza algunos colores, que puedes ver tenuemente como los colores del arco iris.

Trueno Casero

Cosas que necesitarás:

Una hoja de papel corriente de 20
    centímetros cuadrados
Una tarjeta de papel grueso, de
    20 centímetros cuadrados
Una regla
Un lápiz
Unas tijeras
Cinta adhesiva transparente

Lo que debes hacer: **1.** Traza una línea a lo largo de uno de los bordes del papel corriente, a 1 ½ centímetros (½ pulgada) del borde. Haz lo mismo a lo largo de otro borde contiguo.

3. Coloca la tarjeta sobre el papel de manera que sus bordes toquen las líneas marcadas por el lápiz. Dobla los bordes del papel por encima de la tarjeta.

2. Usando la regla, traza una línea diagonal a lo largo del papel, asegurándote de que ambas líneas que ya has trazado se encuentran del mismo lado de la diagonal. Corta a lo largo de la diagonal y desecha la mitad que no tiene las líneas.

4. Asegura bien los bordes doblados del papel sobre la tarjeta, utilizando la cinta adhesiva.

6. Ahora toma la esquina sin cinta adhesiva. Levanta el brazo y muévelo hacia abajo en forma de arco con un golpe seco.

5. Dobla todo por la mitad, como muestra la ilustración.

La física en acción: Cuando el papel se desprende de la tarjeta, golpea el aire en su camino, haciendo que el aire vibre y produzca un gran estrépito. Los relámpagos también hacen que el aire vibre al golpearlo con fuerza. El resultado de esto es...¡el trueno!

3
LA FÍSICA
en el
HOGAR

Admirando su imagen en el espejo, la niña hace volar su pelo con un chorro de aire caliente el cual calienta el agua que cubre cada cabello húmedo. Al calentarse, las moléculas de agua comienzan a moverse de un lado para otro más rápido–y más lejos– aunque son tan minúsculas que no puedes detectar movimiento alguno. Pronto, las moléculas que se mueven más rápido se escapan y se elevan hacia el aire. Han cambiado de líquido a un gas que se llama **vapor de agua.** Este cambio se llama **evaporación.** Cuando la mayoría de las moléculas de agua en el pelo se hayan evaporado, el pelo estará prácticamente seco.

Cuando la niña apenas salió de la ducha, las gotitas de agua empañaron el espejo. El vapor de agua en el aire húmedo había chocado contra el vidrio frío y se había enfriado. El proceso de enfriamiento hizo que las moléculas de vapor se movieran más lentamente y se agruparan, convirtiendo el vapor nuevamente en líquido. Este cambio se llama **condensación.**

Los cambios de líquido a gas, y de gas a líquido, se llaman cambios en el estado de la materia. Tú presencias cambios de estado en la materia todo el tiempo, aunque puede ser que no hayas pensado sobre los cambios en esta forma. ¿Puedes pensar en ejemplos que hayas visto en casa? Encontrarás algunos en las páginas de este capítulo.

De un Estado a Otro

Todos los cambios de estado de líquido a sólido siguen las mismas reglas básicas. Se requiere una transferencia de energía, usualmente por la adición o disminución de calor.

¿Cómo viaja el calor? Sumerge una cuchara de metal en una humeante taza de chocolate caliente. El calor del líquido hace que las moléculas en la cuchara se calienten y comiencen a moverse de un lado a otro. Chocan contra las moléculas junto a ellas y hacen que estas moléculas también comiencen a moverse, y así sucesivamente hasta llegar a la punta de la cuchara. De pronto, el calor llega a ese extremo de la cuchara y...¡Ay! ¡Está caliente!

Debido a que el calor es conducido o transportado fácilmente a través de los metales, se dice que el metal es un buen **conductor** de calor. Los materiales que no conducen bien el calor, como el aire y la madera, se llaman **aislantes.** La lata o bote de aluminio en la sorbetera de la ilustración, conduce el calor de la crema que está adentro, al hielo que está a su alrededor.

El calor siempre pasa de un objeto caliente a uno frío. Cuando pones cubitos de hielo en un té caliente, puede ser que pienses que el hielo enfría el té. En realidad, el té derrite los cubitos de hielo, y el té pierde calor durante este proceso.

Los niños en la foto superior combinan la física y el placer cambiando un líquido por un sólido favorito en todo el mundo: el helado. Primero se vacía una mezcla de leche, crema, azúcar, huevos y vainilla dentro de un recipiente de metal dentro de la sorbetera. Las niñas pondrán hielo machacado, bien apretado, alrededor del recipiente. Añadirán sal al hielo. La sal ayuda a derretir el hielo y hace que el agua del hielo derretido sea más fría que el hielo y el agua solos.

La niña coloca un motor eléctrico en su lugar. Éste moverá una paleta que garantizará que la dulce mezcla se enfríe parejo. La mezcla, mucho más caliente que el hielo a su alrededor, transfiere su calor al hielo.

Es hora de probar el producto. En media hora, la mezcla ha transferido al hielo una cantidad tan grande de calor, que el hielo se ha derretido y la mezcla se ha congelado. La mezcla cambió del estado líquido al sólido.

Cuando el vapor de agua en el aire se condensa a temperatura de congelación, como la que existe en el vidrio helado de una ventana, cambia directamente de gas a sólido: el hielo. ¿Qué hace a una sustancia rígida cuando es un sólido, acuosa cuando es un líquido y etérea (como el aire) cuando es un gas? En un sólido, se han desarrollado fuertes enlaces entre las moléculas formando estructuras rígidas llamadas **cristales**. En la escarcha y en los copos de nieve, puedes ver las figuras formadas por los cristales de hielo. En los líquidos, las moléculas están apiñadas, pero los enlaces entre ellas son más débiles. Los enlaces entre las moléculas de gas son los más débiles.

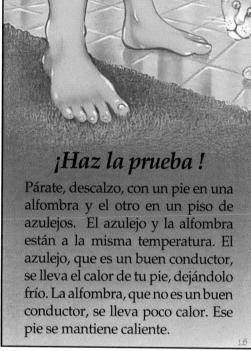

¡Haz la prueba !

Párate, descalzo, con un pie en una alfombra y el otro en un piso de azulejos. El azulejo y la alfombra están a la misma temperatura. El azulejo, que es un buen conductor, se lleva el calor de tu pie, dejándolo frío. La alfombra, que no es un buen conductor, se lleva poco calor. Ese pie se mantiene caliente.

LOEL BARR

BOB CURTIS/RAINBOW

Si tratas de verter la miel o la melaza, éstas fluyen lentamente. Esta lentitud se debe a una especie de fricción en los líquidos llamada **viscosidad.** La viscosidad es causada por las moléculas del líquido al rozar unas con otras. El agua tiene poca viscosidad. Se puede vaciar fácilmente. La miel y la melaza tienen mucha viscosidad. Se vacían lentamente. La viscosidad de los fluidos corrientes puede cambiarse cambiando sus temperaturas. Calienta miel o muchas clases de aceite y fluirán con mayor facilidad. Enfríalos, y fluirán más lentamente. Los fluidos que se comportan de esta manera se conocen como fluidos newtonianos.

Otras clases de fluidos, llamados **fluidos no newtonianos,** cambian su viscosidad de otra manera. Utilizan una fuerza: tirar o empujar. Cuando das un tirón al "Silly Putty" (una especie de masilla de marca registrada), un fluido no newtoniano, su viscosidad aumenta tanto que no fluirá del todo. Es más, se partirá.

Otros fluidos no newtonianos hacen lo opuesto. Cuando utilizas fuerza, su viscosidad disminuye. La margarina pertenece a este grupo. Se comporta como un sólido, pero si la aplastas o aprietas puedes esparcirla con facilidad.

Fluidos Medio Extraños

*Como el agua y el aire, el "Silly Putty" es un fluido, pero es un fluido medio extraño. Si tiras de él rápidamente, se rompe. Si tiras de él despacio, se estira. Conocido como un **fluido no newtoniano,** la masilla unas veces se comporta como un sólido, otras como un líquido.*

Tirando parejo y despacio, el niño tira de la suave masilla y ella se estira. Sigue las instrucciones en la página 70 y tú puedes hacer tu propio fluido no newtoniano. Hay pocos fluidos como éstos en la naturaleza. Sin embargo, hay uno en estado natural: la arena movediza.

61

La Máquina Más Simple

Los físicos definen una máquina como toda cosa que ejecuta un trabajo. El trabajo se realiza cuando algo se mueve por medio de una fuerza. Una máquina es un aparato que se usa para mover otra cosa. La **palanca** es un tipo de máquina que consta de una barra que se mueve sobre un punto fijo. Cuando uno hace fuerza en un lugar de la palanca, otra parte mueve algo. Hay tres géneros de palancas. Compáralas abajo y a la derecha.

Una máquina puede cambiar la cantidad de fuerza que tú haces al ejecutar un trabajo–bien aumentando la fuerza o disminuyéndola. Al usar una palanca, sucede lo siguiente: si ejerces una fuerza pequeña sobre una distancia larga, la palanca ejercerá una fuerza mayor sobre una distancia más corta. Eso es lo que sucede cuando abres una lata de pintura, como se ve en la fotografía de más abajo. Si usas una fuerza potente sobre una distancia corta, la palanca ejercerá una fuerza más débil, pero sobre una distancia mayor. Eso es lo que sucede con una escoba, como se muestra en la página siguiente.

Fuerza

Resistencia

Fulcro

Esta niña usa un desatornillador para quitarle la tapa a una lata de pintura, "palanqueando". El desatornillador se convierte en una **palanca**, *un tipo de máquina simple. La palanca consta de una barra rígida que se mueve sobre un*

PALANCA DE PRIMER GÉNERO

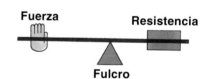

Fuerza

Resistencia

Fulcro

punto fijo llamado **fulcro o punto de apoyo.** *Aquí, el fulcro es el borde de la lata de pintura. La niña hace fuerza hacia abajo sobre el mango del desatornillador. El desatornillador se apoya sobre el fulcro y la punta del desatornillador hace saltar la tapa. La tapa, que es la parte que queremos mover, proporciona la* **resistencia.** *Una palanca que tiene el fulcro entre la fuerza y la resistencia se llama palanca de primer género.*

Cuando usas un cascanueces, estás usando una palanca de segundo género. El fulcro está al <u>final</u> de la palanca. Tú haces la fuerza en el otro extremo. La resistencia, una

PALANCA DE SEGUNDO GÉNERO

Fuerza — Resistencia — Fulcro

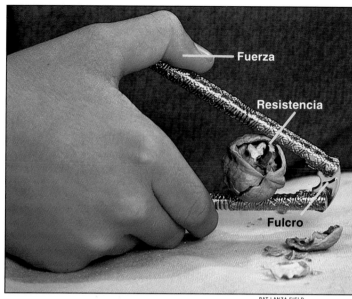

Fuerza
Resistencia
Fulcro

nuez, está entre la fuerza y el fulcro. Cuando aprietas, la palanca se apoya en el fulcro y tritura la nuez. Tú empujas hacia abajo con una fuerza y más abajo, en el mango, la palanca amplifica esa fuerza. ¿Qué otro ejemplo hay de una palanca de segundo género? ¡Una carretilla! La rueda es el fulcro; la fuerza son tus propias manos; y la resistencia es la carga de tierra entre ambos.

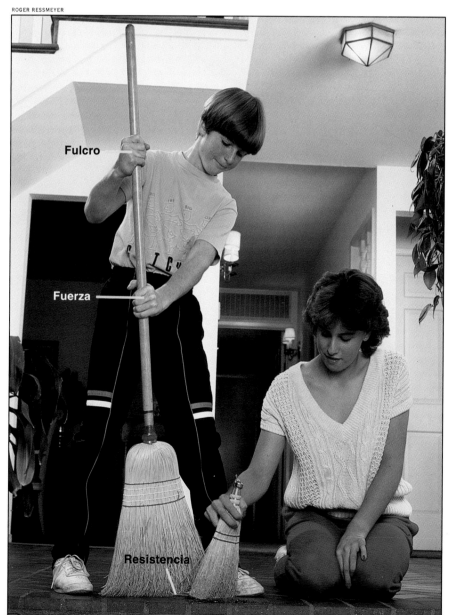

Fulcro

Fuerza

Resistencia

¿Sabías que una escoba es un tipo de palanca? El niño utiliza su mano superior para mantener la escoba estable. Ése es el fulcro. Más

PALANCA DE TERCER GÉNERO

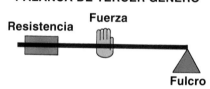

Resistencia — Fuerza — Fulcro

abajo, su mano izquierda hace fuerza al empujar contra el mango. La resistencia – la fricción entre el piso y las pajas de la escoba – está en el extremo inferior de la escoba. Cuando tienes una palanca donde la fuerza está entre la resistencia y el fulcro, tienes una palanca de tercer género.

63

Muchos postes de líneas eléctricas tienen unas cajas negras grandes. Esas cajas son **transformadores**. El transformador "baja" el voltaje. Los grandes transformadores en las líneas de energía eléctrica también bajan, o disminuyen, el voltaje. Ellos reducen el alto voltaje que viene de la compañía eléctrica antes de que entre en tu casa. La compañia eléctrica usa alto voltaje porque éste pierde menos energía con la distancia que el bajo voltaje.

La corriente eléctrica viene en dos formas: **corriente continua** o **directa** y **corriente alterna.** La corriente continua es el flujo constante de electrones, como el que te ofrece una batería eléctrica (pila). La corriente alterna, que cambia de dirección 60 veces por segundo, es la forma de electricidad que se usa en la mayoría de las casas en nuestro país. La corriente alterna se transmite con mayor eficiencia que la corriente continua en distancias largas.

Dominar a la Electricidad

◄ *Esta fotografía ha sido tomada con exposición especial para captar el movimiento del tren eléctrico. El tren toma electricidad de un enchufe en la pared que proporciona 120 voltios –demasiado para el motor del tren y demasiado peligroso para la niña, en caso de que ella sufriera un choque eléctrico. El voltaje del tren es disminuido por un* **transformador.**

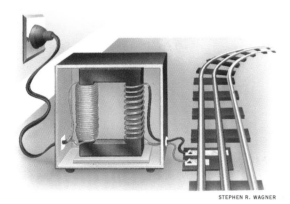

STEPHEN R. WAGNER

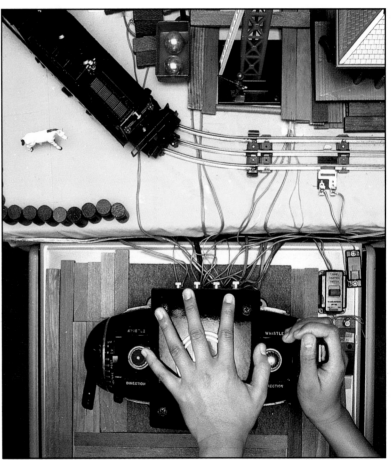

ROGER RESSMEYER (ARRIBA Y PÁGINA OPUESTA)

🔺 *Un transformador baja o disminuye el voltaje eléctrico del enchufe de la pared. El alambre de la pared, con 120 voltios de carga eléctrica, se enrosca muchas veces dentro de la parte izquierda del transformador en lo que se llama bobina primaria o bobina del circuito primario. La bobina secundaria, a la derecha, tiene un número de vueltas mucho menor. Ella recobra solamente una pequeña parte del voltaje de la bobina primaria y conduce a los rieles justamente los 8 voltios necesarios.*

🔺 *Cuando la niña conecta el transformador, la electricidad fluye con el voltaje de su casa, en este caso: 120 voltios. Pero para operar su tren con seguridad, ella necesita 8 voltios como <u>máximo</u>. Utilizando los controles a los costados del transformador, ella puede variar la potencia del voltaje que sale hacia los rieles de 0 a 8 voltios. Un voltaje bajo hace que el tren marche despacio. El voltaje alto lo hace acelerar.*

Lo Visible
y lo Invisible

Los rayos del sol que brillan a través del parabrisas de un automóvil iluminan el interior porque la luz visible atraviesa el vidrio. Aunque invisibles, los rayos infrarrojos también atraviesan el vidrio y producen calor. La piel de los pasajeros no se quemará porque los rayos ultravioleta, los rayos invisibles que queman la piel, no pueden atravesar el vidrio.

Las ondas luminosas–tanto las visibles como las invisibles– son parte de un grupo mucho mayor de ondas electromagnéticas. Este grupo recibe el nombre de **espectro electromagnético.** En un vacío, todas estas ondas viajan a la misma velocidad–la velocidad de la luz–pero se comportan en forma diferente. Las ondas luminosas no pueden atravesar la madera, pero las ondas de radio, sí. Los rayos X pasan a través de casi todo tu cuerpo; sin embargo, tus huesos y tus dientes los absorben. Los rayos gamma pueden atravesar prácticamente todo.

▼ *El aire está lleno de diferentes clases de ondas electromagnéticas. Ellas transfieren energía de un lugar a otro. Algunas de ellas son visibles: las ondas luminosas. Otras, como las ondas de radio y las de los rayos X son invisibles. Las ondas se diferencian unas de otras por su longitud y su frecuencia. Pueden variar en la cantidad de energía que conducen. Lee más abajo sobre las diferentes clases de ondas en el* **espectro electromagnético.**

▶ *Una joven sintoniza su estación de radio favorita. Ella gira el botón de sintonización, fijando el receptor exactamente en la* **frecuencia** *que quiere. La frecuencia es una característica de las ondas de radio que te dice cuántas ondas pasan por un lugar dado en un segundo. Las ondas de baja frecuencia son de longitud larga. Cada estación de radio en tu zona tiene su propia frecuencia.*

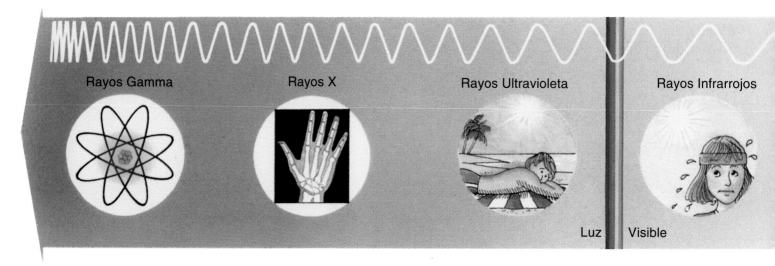

Rayos Gamma   Rayos X   Rayos Ultravioleta   Rayos Infrarrojos

Luz   Visible

Las ondas de longitud más corta tienen la frecuencia más alta y tienen la mayor cantidad de energía. Éstos son los **rayos gamma,** *emitidos por las reacciones nucleares del uranio y otras sustancias radiactivas. Los rayos gamma pueden atravesar el plomo y el concreto, y pueden ser mortales. Los* **rayos X** *están en el espectro junto a los rayos gamma. Probablemente te has hecho radiografías de los dientes. Cuando los rayos son dirigidos hacia tu*

cuerpo, la mayor parte atraviesan los dientes hasta una placa radiográfica del otro lado, que ellos oscurecen. Los huesos y los dientes absorben los rayos X, dejando sombras grises en la placa que un doctor puede examinar. Es mejor tomarse la menor cantidad posible de radiografías. En su camino del Sol a la Tierra, la mayoría de los **rayos ultravioleta** *son absorbidos por la atmósfera, pero algunos llegan al suelo. Estos rayos causan las quemaduras de*

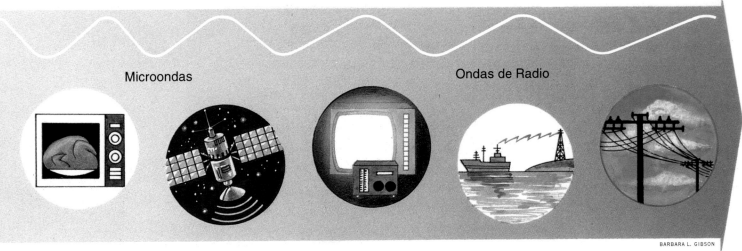

Microondas

Ondas de Radio

sol. La luz ultravioleta es invisible al ojo humano. La **luz visible,** que comprende los colores del arco iris, es la siguiente en el espectro. Los **rayos infrarrojos** tienen una longitud de onda algo más larga que la luz roja. No puedes verlos, pero puedes sentirlos. Llamados frecuentemente calor irradiado, estas ondas calientes pueden usarse para mantener la comida caliente y secar el pelo. Las **microondas,** que son las ondas de radio más cortas, se usan en los hornos de microondas para cocinar y en las comunicaciones por satélite. Otras **ondas de radio** comprenden gran parte del espectro electromagnético. Diferentes frecuencias de radio se usan para la televisión local y para la comunicación por radio de los barcos a la costa. Entre las ondas más largas están las ondas eléctricas que irradian de las líneas telefónicas llevando conversaciones de un lado a otro.

67

Diviértete con la Física

Una Idea Fría

Cosas que necesitarás:

El jugo de 2 limones grandes   2 tazas de azúcar

La cáscara rallada de 1 limón   4 tazas de leche

Lo que debes hacer: Mezcla el jugo, la cáscara rallada y el azúcar. Añade la leche, lentamente, revolviendo. Vacía la mezcla en las bandejas de hacer hielo del congelador–pero sin las divisiones para los cubitos–o en una tortera o pequeño recipiente de hornear. Pon la mezcla en el conge-

lador. Antes de que la mezcla se haya congelado completamente, sácala y revuelve el sorbete para partir los cristales grandes. Ponla de nuevo en el congelador. Cuando la mezcla se haya congelado completamente, ¡disfrútala!

La física en acción: En el congelador, el calor pasa de la mezcla del sorbete al aire más frío. Según baja la temperatura de la mezcla, las moléculas en ella se hacen más lentas y se pegan unas a otras formando cristales sólidos. La mezcla se convierte en postre sólido.

Una Idea Fría y Caliente

Cosas que necesitarás:

2 vasos de papel no parafinado   Agua caliente

Agua fría

Lo que debes hacer: Llena un vaso con agua fría. Y, cuidando de no quemarte, llena el otro vaso con agua de la llave (grifo), que esté bien caliente. Pon más o menos la misma cantidad de agua en cada vaso. Coloca inmediatamente los dos vasos en el congelador. ¿Cuál se congelará primero?

La física en acción: ¡El agua caliente deberá congelarse primero! ¿Por qué? Ambos vasos pierden algo de calor al aire del congelador, por conducción. Ambos también pierden algo de agua, por evaporación. Pero el agua caliente se evapora *mucho más* rápido. La evaporación ocasiona una gran pérdida de la energía producida por el calor. Según se evapora el agua, la temperatura del agua caliente baja rápidamente–más rápido que la temperatura del agua fría. El agua caliente se congela primero.

LOEL BARR

Escoge la Moneda

Cosas que necesitarás:
5 monedas de cobre, de fecha diferente
   Un plato
   Un sombrero
   Un grupo de amigos

Lo que debes hacer: Pon las monedas en un plato. Pídele a un amigo que escoja una moneda y mire la fecha. Haz que el grupo la pase hasta que cada persona haya podido comprobar la fecha. Pon, rápidamente, todas las monedas en el sombrero y sacúdelas. Mete la mano, sin mirar, y ¡sorprende a tus amigos escogiendo la que ellos habían seleccionado!

La física en acción: El cobre conduce el calor con facilidad. Cuando las manos calientes agarraron la moneda de cobre, la moneda absorbió el calor de las manos. Busca en el interior del sombrero hasta encontrar la moneda caliente y ... *¡Abracadabra!* ¡Encontrarás la moneda correcta!

Estanque de Cristal

Cosas que necesitarás:

1 taza con agua	Una cuchara de madera Hilo
2 tazas de azúcar	Un lápiz o un palo Un sujetapapeles
Una cacerola	Un frasco de vidrio grueso

Lo que debes hacer: Pide permiso a un adulto antes de usar la estufa (cocina). Vacía el agua en una cacerola y caliéntala hasta que hierva. Disminuye el calor de la hornilla. Revolviendo lentamente, añade el azúcar–poco a poco– hasta que el agua no pueda disolver más azúcar. Deja que la solución se enfríe un poquito y entonces vacíala en el frasco. Con un extremo del hilo, amarra el lápiz y, con el otro extremo, el sujetapapeles. Humedece el hilo y el sujetapapeles y frótalos con azúcar seca hasta que los cristales de azúcar se les peguen. Introduce el sujetapapeles, lentamente, en la solución. Si los cristales se caen, saca el hilo para afuera y prueba de nuevo. (Los nuevos cristales demorarán *semanas* en formarse a menos que logres que unos cuantos cristales se peguen al hilo o al sujetapapeles al comienzo.) Coloca el lápiz de un lado a otro de la boca del frasco. Observa cómo se forman los cristales de azúcar sobre el hilo y el sujetapapeles. Esto puede demorar varios días.

La física en acción: El azúcar se disuelve en el agua. En agua caliente se disuelve una cantidad de azúcar mucho mayor, que la que se disuelve en agua fría. Según se enfría la temperatura del agua azucarada, el agua no puede dar cabida a tanta azúcar disuelta. Parte del azúcar se ve forzada a cambiar nuevamente de líquido a sólido.

69

Transporte Aéreo

Cosas que necesitarás:
  Un vaso con agua
  Una tarjeta de fichero

Lo que debes hacer: Llena de agua las tres cuartas partes del vaso. Con la palma de la mano, sostén la tarjeta fuertemente contra la boca del vaso. Voltea el vaso, colocándolo boca abajo. Suelta la tarjeta poco a poco. ¿Se derrama el agua?

La física en acción: El agua debe quedarse donde está, dentro del vaso boca abajo. Cuando volteas el vaso, el agua se abalanza sobre la tarjeta y un poco de aire queda atrapado encima del agua. Cuando tú sueltas la tarjeta, ésta se dobla un poquitito por el peso del agua. El espacio ocupado por el aire en el vaso se estira, reduciendo la presión del aire. Eso quiere decir que la presión atmosférica debajo de la tarjeta es ahora algo mayor que la presión de aire dentro del vaso. ¿Qué sucede? La presión atmosférica debajo de la tarjeta sostiene a la tarjeta y al agua en su lugar.

Masa que Fluye

Cosas que necesitarás:

1 taza de agua	1 tazón grande
1 ½ tazas de maicena	Una cuchara

LOEL BARR

Lo que debes hacer: Vacía el agua en el tazón. Añade la maicena, revolviendo poco a poco hasta que la mezcla esté ligeramente más espesa que la crema de leche. Según revuelves, golpea suavemente la superficie de vez en cuando. Pronto podrás revolver la mezcla como si fuera un líquido, pero podrás golpearla ligeramente sin salpicar. Lo que tienes es un líquido que se comporta a veces como un sólido. Golpéalo, enróllalo como una pelota, rómpelo, extiéndelo. ¿Es líquido o sólido? Para deshacerte de tu líquido no newtoniano, vacíalo en un frasco con tapa, o séllalo dentro de una bolsa de plástico. Después, tíralo a la basura. No lo vacíes en un desagüe o en el inodoro. Obstruiría las cañerías.

La física en acción: Has hecho un fluido no newtoniano. Tiene las propiedades tanto de un líquido como de un sólido. En un líquido, las moléculas se mueven libremente. En un sólido, se mantienen en una posición fija. En tu mezcla casera, largas cadenas de moléculas se enroscan unas alrededor de otras. Ellas no fluyen con facilidad ni por presión, ni por fuerza.

Recogedor Magnético

Cosas que necesitarás:

    Un clavo de 8 centímetros de largo (3 pulgadas)

2 metros de alambre de cobre, forrado (aislado)

2 baterías (pilas) de linterna, tamaño D

Una navaja de bolsillo

Sujetapapeles o grapas sueltas

Cinta adhesiva

Lo que debes hacer: Enrosca el alambre alrededor del clavo hasta dejar unos 15 centímetros (6 pulgadas) de alambre en cada extremo. Pide a un adulto que te ayude a cortar el material aislante de los últimos 2 ½ centímetros (una pulgada) en ambos extremos del alambre. Coloca las baterías (pilas) una encima de otra, de manera que la parte superior de una esté en contacto con la parte inferior de la otra, o colócalas de lado sobre una mesa, con la parte inferior de la primera tocando la superior de la segunda. Sujeta o fija con cinta adhesiva un extremo del alambre a cada extremo del grupo de baterías, mientras utilizas el clavo recubierto de alambre para recoger los sujetapapeles. Puedes también tratar de sacar el clavo del alambre y usarlo como un imán permanente. Puedes probar tu imán permanente con objetos de la casa. Observa qué efecto tiene tu imán sobre la aguja de una brújula.

La física en acción: Has hecho un electroimán. Cuando conectaste el alambre a las baterías, las baterías hicieron que una corriente eléctrica pasara por el alambre. La corriente creó un campo magnético dentro del clavo, y el clavo se convirtió en un electroimán. Si el campo magné-

tico era suficientemente fuerte, el clavo retuvo parte del magnetismo cuando lo sacaste del alambre. Entonces se convirtió en un imán permanente. Un imán debe poder atraer la mayoría de los metales en tu casa que contienen hierro, cobalto o níquel. Cuando colocas tu imán cerca de una brújula, el imán debe atraer la aguja de la brújula con mayor fuerza que la que ejerce el campo magnético de la Tierra. Probablemente pudiste atraer la aguja de la brújula de manera que ya no apuntara hacia el norte.

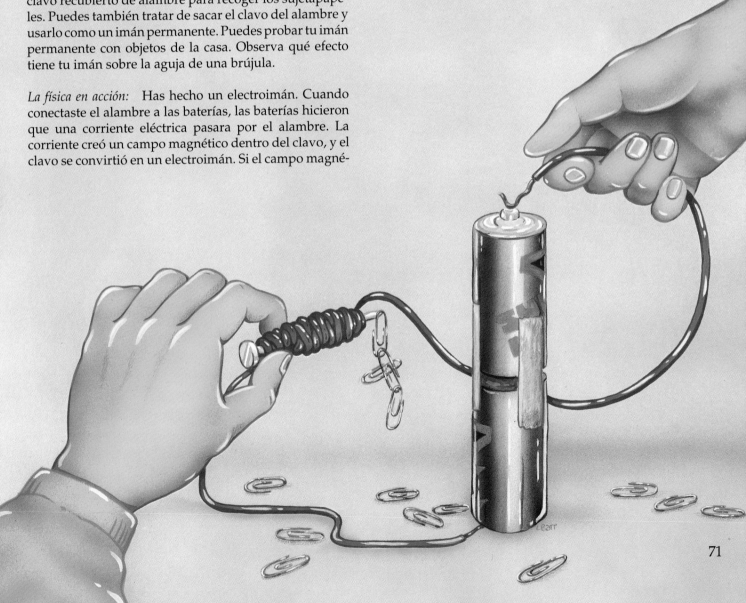

4

LA FÍSICA
de los
DEPORTES

Dick Fosbury, atleta especialista en salto de altura, asombró a los espectadores en las Olimpiadas de 1968 dejándose caer por encima de la barra, de cabeza y boca arriba. Con este salto Fosbury ganó la medalla de oro y un sitio en la historia. Su triunfante estilo, usado por los saltadores de hoy en día, se llama el salto de Fosbury.

¿Por qué triunfó el salto de Fosbury? Tiene que ver con el **centro de gravedad** del saltador. El centro de gravedad es el lugar donde todo el peso de un objeto parece estar concentrado. Tu centro de gravedad está usualmente detrás del ombligo.

El centro de gravedad puede estar, en realidad, *fuera* del cuerpo de un objeto. Esto puede parecer imposible, pero piensa en una rosquilla frita, por ejemplo. Su centro de gravedad está en el centro de la rosquilla –puro aire.

En la foto a la izquierda, la joven pasa por encima de la barra usando el salto de Fosbury. Al curvar su cuerpo dándole la forma de una media rosquilla, ella mueve su centro de gravedad hacia abajo y *fuera* de su cuerpo. Ése es el secreto del triunfo del salto de Fosbury. Los saltadores van más arriba de su centro de gravedad, y saltan por encima de barras más altas. Esta joven es una entre los muchos atletas que deben sus triunfos a la física. Descubre en este capítulo cómo la física ayuda a otros atletas.

Adonde Va el Centro

Un bate de béisbol que ha sido tirado, probablemente dará tumbos sobre ambos extremos. Una fotografía de la trayectoria del bate comprobaría que se parece a la curva que sigue el atleta a la derecha. Tanto el bate como el atleta dan vueltas alrededor de su **centro de gravedad**–y el centro de gravedad de cada uno de ellos describe **un arco parabólico.**

Un objeto cuyo peso no es uniforme tiene su centro de gravedad cerca del extremo más pesado. Toma un bate y trata de balancearlo sobre tu mano. Te darás cuenta de que el centro de gravedad está cerca del extremo grueso.

El arco parabólico se manifiesta en muchos deportes. Tú mismo sigues la trayectoria de un arco parabólico en más de una ocasión. Cada vez que saltas o ejecutas un clavado, tu centro de gravedad sigue esa trayectoria curva. Cada vez que arrojas una pelota, una jabalina o un palo, el objeto arrojado describe un arco parabólico.

*El gimnasta es captado siete veces por la película fotográfica, mientras salta ejecutando un "barani". Las X en amarillo representan su **centro de gravedad.** Las líneas quebradas muestran la trayectoria curva descrita por su centro de gravedad. De la misma forma que lo haría el centro de gravedad de cualquier proyectil, su centro de gravedad describe un arco parabólico.*

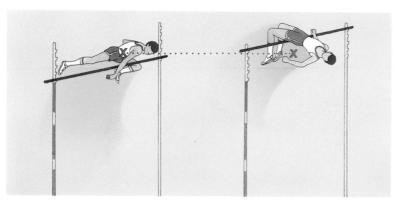

Cuando este atleta salta, él eleva su centro de gravedad tan alto como puede. A la izquierda, él pasa por encima de la barra usando la posición antigua. El centro de gravedad, que está dentro de su cuerpo, aparece marcado por una X. A la derecha, usando el salto de Fosbury, él eleva su centro de gravedad a una altura igual. Sin embargo, al darle una curvatura a su espalda, él mismo se eleva <u>por encima</u> de su centro de gravedad...y logra saltar una barra más alta.

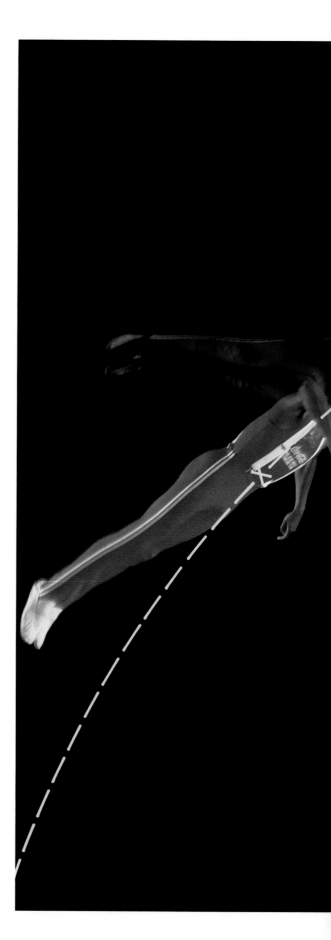

Palancas Humanas

El lanzador de béisbol está en el montículo. El bateador está en su puesto. Agarrando fuertemente la pelota, el lanzador levanta el brazo y tira hacia atrás todo el lado derecho de su cuerpo. Mantiene el pie izquierdo hacia adelante y el derecho, hacia atrás. De repente, deja caer todo su peso hacia adelante. Mueve su brazo rápidamente hacia adelante en dirección al bateador y suelta la pelota. Su brazo actúa como una **palanca** y aumenta la velocidad de la pelota. La pelota sale de su mano con una velocidad de 145 kilómetros por hora, y llega al bateador en menos de medio segundo.

Si él lanzara la pelota con ese brazo atado a su costado, la pelota rodaría lentamente hacia la base, en el mejor de los casos. El brazo de un lanzador–y el tuyo–es una palanca eficiente. Te ayuda a aumentar la velocidad en muchos deportes. En la natación, cada brazo hace las veces de un largo remo batiendo el agua. En "hockey" y en béisbol, utilizas aparatos largos que actúan como extensiones de los brazos. Estas palancas extra largas arrojan los discos de goma y las pelotas de béisbol a velocidades fantásticas.

Resistencia

Fuerza

Fulcro

Resistencia

Fuerza

Fulcro

Boris Becker muestra el estilo del saque que le ayudó a ganar el torneo de Wimbledon en Inglaterra. El brazo de Boris y la raqueta trabajan juntos como palancas de tercer género. Su hombro actúa como **fulcro o punto de apoyo,** que es el punto donde su brazo, recto, gira. Los músculos de su brazo aportan la **fuerza.** La **resistencia** entra en juego cuando la pelota pega contra la raqueta.

Dwight Gooden, del equipo "New York Mets", deja volar su bola rápida, cuya velocidad ha sido calculada en unos 154 kilómetros por hora (96 millas). Como cualquier otro lanzador, Gooden usa su brazo como palanca de tercer género. En este momento del lanzamiento, su antebrazo gira en el codo, que es el fulcro. Los músculos de su antebrazo suministran la fuerza, y la pelota es la resistencia. La acción de palanca que interviene en un lanzamiento aumenta la velocidad que un lanzador puede darle a la pelota. (Puedes ver otra palanca de tercer género en la página 63 del capítulo 3.)

La Victoria
a la Vuelta

Algunos años atrás, los saltadores de garrocha usaban varas de bambú. El bambú no se doblaba muy bien que digamos. Se partía frecuentemente. "Cuando la vara de bambú se doblaba–nos cuenta un atleta–no se enderezaba de nuevo. Sentías un sonido crujiente al volar por el aire con la mitad de la vara en la mano".

Hoy en día, los saltadores de garrocha usan una vara de fibra de vidrio. Después de doblarse, la vara de fibra de vidrio regresa a su forma original. Esto sucede porque está hecha de un material elástico. Si usas fuerza para cambiar la forma de un objeto elástico, el objeto regresa a su forma normal cuando la fuerza desaparece. Esto es lo que sucede con una goma elástica (liga).

La elasticidad de estas varas nuevas aumenta considerablemente el impulso del saltador. El récord mundial de salto de garrocha con una vara de bambú era de 4 ¾ m (15 pies y 7 ¾ pulgadas). El récord de la vara de fibra de vidrio es de 1¼ metros mayor (4 pies).

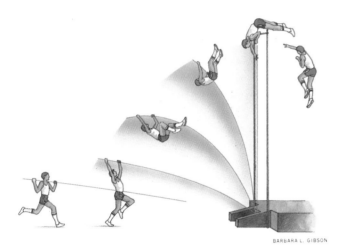

BARBARA L. GIBSON

Un saltador de garrocha utiliza una vara de fibra de vidrio para lanzarse sobre una barra en alto. Corre a toda velocidad, entierra la vara en un foso lleno de arena, y salta. Da la vuelta y se pone boca abajo al tiempo que la vara, rebotando, se endereza.

2

1

Una cámara a control remoto, situada debajo de la barra que está en alto, capta la secuencia de este salto de garrocha. Con la vara sobre la cabeza, el saltador, corre hacia el lugar del salto. **l.** Entierra la vara y empuja con fuerza. Parte de su energía cinética, o energía de movimiento, dobla la vara. Esta energía cinética se convierte en una especie de energía potencial llamada **energía elástica. 2.** Comienza a mover los pies hacia arriba. **3.** Se tira hacia atrás, siempre sujetando la vara desde esta posición

boca abajo. Al rebotar de regreso a su forma original, la vara convierte la energía elástica en energía cinética nuevamente. Esto le da un impulso extra. **4.** Se empuja a sí mismo lejos de la vara, dándole a ésta un empujón que la aleja de él, y pasa por encima de la barra. ¿Diste un suspiro de alivio? No aflojes todavía. El saltador está aún 5 ½ metros (18 pies) sobre el suelo. Aún debe caer sin tropiezos hasta que aterrice, a salvo, en un foso acolchonado.

No Todas Son Redondas

Casi todos los deportes requieren una pelota especial por una buena razón. ¿Puedes imaginarte lo que sería jugar voleibol con una pelota de baloncesto, o tenis de mesa (ping-pong) con una pelota de golf? ¿Qué tal sería jugar boliche con una pelota de fútbol americano? Cada pelota fue diseñada con ciertas características físicas –peso, cantidad de material, elasticidad, textura de la superficie, forma y tamaño– para que fuera perfectamente adecuada para su deporte.

Pelota de espuma de hule

Esta pelota, tan ligera que tiene poca inercia, no hará daño a la gente ni romperá cosas cuando la golpeen. La superficie irregular de esta pelota esponjosa le proporciona bastante fricción que ayuda a disminuir su velocidad en el aire. Es perfecta para jugar bajo techo en un día lluvioso, pero pide permiso antes de jugar con ella dentro de la casa.

Tenis

La pelota de tenis está hecha de caucho hueco, con una cubierta de fieltro de lana y nailon. El caucho y el aire comprimido que está adentro hacen que la bola sea elástica y rebote con facilidad. La superficie velluda aumenta la fricción, ayudando a que la pelota gire cuando pega contra la cancha. El caucho no es hermético. Después de unos cuantos juegos, la pelota pierde algo de aire y de su capacidad para rebotar.

Tenis de mesa

Esta cáscara llena de aire viaja rápidamente, pero no demasiado. Es tan ligera que la fricción del aire disminuye su velocidad, haciéndola más manejable.

Boliche

Una bola de jugar al boliche es sólida, excepto en los huecos para los dedos, y pesada para su tamaño. Usualmente es de caucho endurecido y tiene una superficie lisa. Esta cualidad disminuye la fricción al rodar. El peso le da a la bola una enorme cantidad de inercia, ayudándola a derribar los pinos, que saltan por el aire.

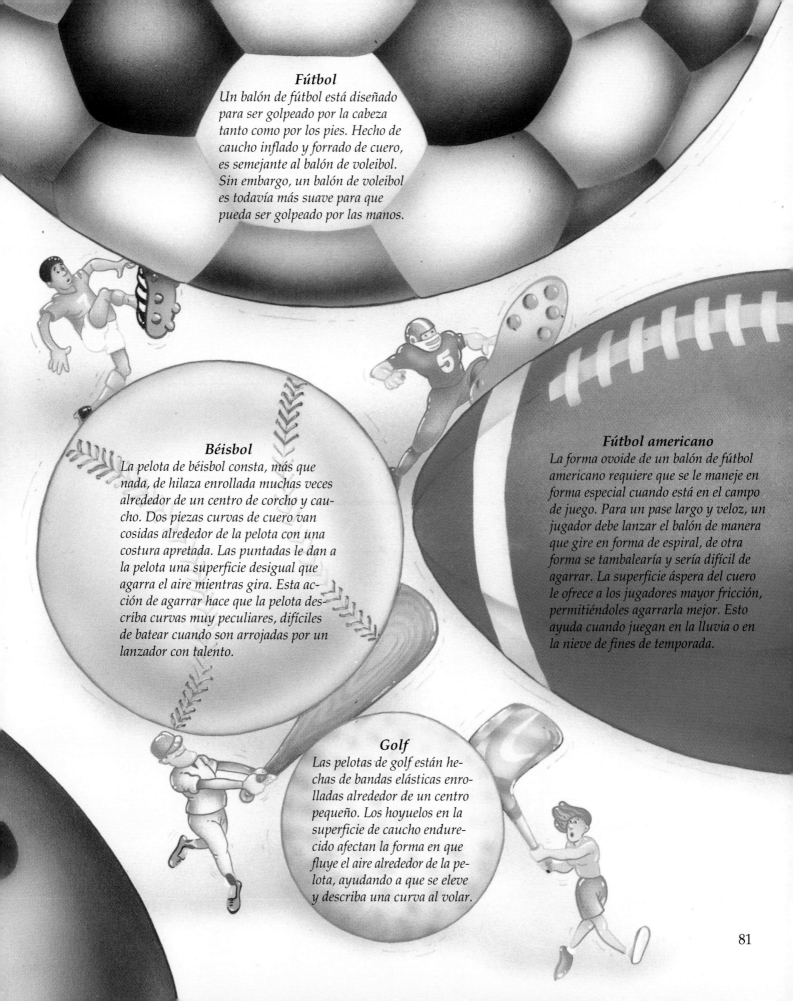

Fútbol

Un balón de fútbol está diseñado para ser golpeado por la cabeza tanto como por los pies. Hecho de caucho inflado y forrado de cuero, es semejante al balón de voleibol. Sin embargo, un balón de voleibol es todavía más suave para que pueda ser golpeado por las manos.

Béisbol

La pelota de béisbol consta, más que nada, de hilaza enrollada muchas veces alrededor de un centro de corcho y caucho. Dos piezas curvas de cuero van cosidas alrededor de la pelota con una costura apretada. Las puntadas le dan a la pelota una superficie desigual que agarra el aire mientras gira. Esta acción de agarrar hace que la pelota describa curvas muy peculiares, difíciles de batear cuando son arrojadas por un lanzador con talento.

Fútbol americano

La forma ovoide de un balón de fútbol americano requiere que se le maneje en forma especial cuando está en el campo de juego. Para un pase largo y veloz, un jugador debe lanzar el balón de manera que gire en forma de espiral, de otra forma se tambalearía y sería difícil de agarrar. La superficie áspera del cuero le ofrece a los jugadores mayor fricción, permitiéndoles agarrarla mejor. Esto ayuda cuando juegan en la lluvia o en la nieve de fines de temporada.

Golf

Las pelotas de golf están hechas de bandas elásticas enrolladas alrededor de un centro pequeño. Los hoyuelos en la superficie de caucho endurecido afectan la forma en que fluye el aire alrededor de la pelota, ayudando a que se eleve y describa una curva al volar.

81

Apóyate en Ella

Algunas carreteras se inclinan o ladean hacia adentro en curvas muy cerradas. En ese tipo de curvas, el conducir y la fricción de los neumáticos podrían no ser suficientes para mantener tu auto en la carretera. La inercia, la tendencia a moverse en línea recta, podría lanzarte patinando fuera de la curva. Una curva peraltada ayuda a empujar tu carro hacia adentro de la misma.

La fuerza con que la curva peraltada de la carretera te empuja se llama **fuerza centrípeta.** Si haces girar rápidamente una lata amarrada al extremo de una cuerda, la cuerda suministra la fuerza centrípeta que hace que la lata se mantenga describiendo un círculo en vez de salir volando en línea recta.

Puede ser que algunas personas hablen de la fuerza centrífuga, una fuerza que hace que las cosas vuelen hacia afuera de un círculo pero lo que la gente llama fuerza centrífuga es, en realidad, la inercia que trata de hacer que sigas recto cuando la fuerza *centrípeta* está empujando el carro hacia la curva.

*Mientras una esquiadora se inclina en una curva cerrada, los bordes de sus esquís cortan la nieve. Esto crea pequeños bancos de nieve bajo sus esquís que la empujan hacia adentro de la curva. La fuerza que hace a un objeto girar en una trayectoria circular se llama **fuerza centrípeta.** Aquí, los minúsculos bancos de nieve proporcionan la fuerza centrípeta a la esquiadora.*

RONALD C. MODRA/SPORTS ILLUSTRATED

Corriendo a unos 145 kilómetros por hora (90 millas), un trineo de eje direccional se abalanza sobre una curva helada. La fuerza centrípeta suministrada por los empinados e inclinados bancos de nieve de las paredes lo ayudan a girar.

83

Conectado para Tocar

El sistema eléctrico utilizado en la esgrima para anotar los tantos trabaja exactamente como los sistemas eléctricos en los hogares. Para que cualquier aparato eléctrico funcione, debe tener un **circuito eléctrico.** Un circuito eléctrico es una vuelta o trayectoria completa que transporta corriente eléctrica. El circuito va de una fuente de energía eléctrica a un aparato eléctrico, y regresa a la fuente de energía. Para que un aparato eléctrico funcione, el circuito debe ser completo. Si se rompe el circuito, el aparato se apaga.

El enchufe de un reloj eléctrico tiene dos puntas. Cuando conectas el enchufe, completas el circuito. Los electrones corren por una de las puntas y un alambre hacia el reloj. En el reloj, proporcionan energía eléctrica a un pequeño motor. Los electrones continúan atravesando el reloj y salen por otro alambre hasta la otra punta.

*El esgrimista, a la derecha, se anota un punto al tocar a su adversario con la punta de su florete. Según se practica este antiguo deporte hoy en día, los esgrimistas no hieren al contrario. El sistema eléctrico usado para llevar la puntuación le da a su práctica un toque moderno. Alambres bajo sus chaquetas forman parte de un **circuito eléctrico o circuito cerrado.** Los floretes son parte del circuito. Cuando un esgrimista toca al oponente con el florete, un contacto eléctrico en la punta completa el circuito, anotando un punto.*

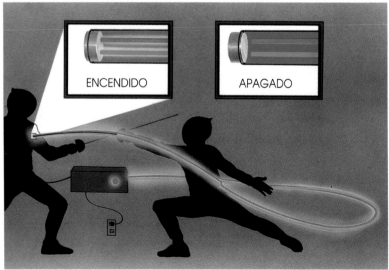

Al efectuar un toque, la punta del florete se presiona hacia adentro, completando el circuito. La corriente eléctrica fluye por el circuito, enciende una luz y hace sonar un timbre.

Acción/Reacción

A medida que vas aprendiendo física, puede ser que encuentres un principio en el que no vas a creer. Para mucha gente, la tercera ley de Newton del movimiento es uno de esos puntos confusos. La tercera ley afirma que por cada acción hay una reacción igual y opuesta. De acuerdo con Newton, si empujas contra una pared, al mismo tiempo que te mueves alejándote de la pared, la pared se mueve alejándose de ti. ¿Difícil de creer? Es cierto, pero el movimiento es demasiado pequeño para poder medirlo.

Probablemente has visto muchas películas donde es lanzado un cohete espacial. Al tiempo que se prende, el combustible comienza a producir gases en expansión que empujan hacia afuera en todas direcciones. Los gases escapan solamente por la parte inferior del cohete. A medida que los gases son empujados hacia afuera por la parte inferior del cohete, el cohete es empujado hacia el cielo.

Hay muchas cosas que no podrías hacer sin la tercera ley de Newton del movimiento. La física es así. No puedes arreglártelas sin ella.

Cuando la tripulación tira de los remos fijos al bote, las largas y planas paletas de los remos empujan contra el agua. Isaac Newton señaló que cualquier fuerza tiene dos efectos. Cuando se emplea fuerza sobre el remo, éste actúa sobre el agua y actúa sobre el bote en dirección opuesta. Una fuerza hace que el agua y el bote se muevan en direcciones opuestas. Los físicos llaman a esta relación entre los efectos: *acción y reacción.*

PETER READ MILLER

🔺 *Listas para el comienzo de la competencia, las corredoras de carrera corta empujan duro contra los bloques de salida. Según la tercera ley del movimiento propuesta por Newton, en el momento en que las corredoras comienzan a empujar, el planeta Tierra y los bloques de salida que están fijos a él, son empujados hacia atrás —pero no lo suficiente para poderlo medir. Al mismo tiempo, la corredora es empujada hacia adelante. La corredora y la Tierra son empujadas en direcciones contrarias. La Tierra casi no se mueve cuando un corredor empuja. Prácticamente todo el movimiento está concentrado en la corredora, lanzándola por la pista.*

¡Haz la prueba !

Ponte los patines de rueda para probar la tercera ley del movimiento propuesta por Newton. ¡Prepárate para rodar hacia atrás! Ahora, lanza duro una pelota pesada. La pelota se mueve en una dirección. ¿Qué te sucede a ti? Según empujas la pelota lejos de ti, te mueves en dirección contraria.

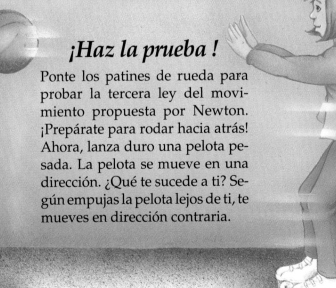

LOEL BARR

87

Diviértete con la Física

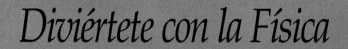

Pelota "Anti-gravedad"

Cosas que necesitarás:
Un frasco de boca ancha   Una pelota de tenis

Lo que debes hacer: Coloca el frasco, boca abajo, sobre la pelota en una mesa de trabajo o en la mesa de la cocina. Comienza a dar vueltas al frasco rápidamente. La pelota debe moverse alrededor del borde del frasco y debe comenzar a subir por adentro, mientras se mueve como un torbellino. Continúa moviendo el frasco y, poco a poco, levanta el frasco de la mesa.

La física en acción: ¿Por qué se mantiene la pelota dentro del cuello del frasco en vez de caerse para afuera? La fuerza centrípeta está en juego aquí. Según das vueltas al frasco, la inercia trata de hacer que la pelota vaya en línea recta. El frasco utiliza la fuerza centrípeta, forzando a la pelota a moverse en círculos. La tendencia de la pelota a moverse hacia afuera, la mantiene más arriba del borde del frasco.

¡Adelante, Globos!

Cosas que necesitarás:
Cada persona (dos o más) necesitará:
Un globo   Cordel
Una pajilla   Cinta adhesiva

Lo que debes hacer: Escoge dos árboles rectos que estén separados por unos 5 metros. Amarra un extremo del cordel a uno de los árboles y empuja el extremo suelto del cordel dentro de una pajilla, hasta que salga por el otro lado. Ahora amarra este extremo del cordel al otro árbol. Pide a tus amigos que hagan lo mismo con sus cordeles, dejando una separación de 30 centímetros entre los cordeles de cada uno. Ahora infla tu globo y pídele a un amigo que lo fije a la pajilla con la cinta, mientras tú continúas pellizcando el extremo del globo para mantenerlo cerrado. Cuando tus amigos hayan hecho lo mismo, están listos para competir. El primer globo que llegue al otro árbol, gana. ¡En sus marcas, listos, suéltenlos!

La física en acción: Cuando sueltas el globo, la tercera ley del movimiento propuesta por Newton entra en acción. ("Cada acción tiene una reacción igual y opuesta.") El globo comprime el aire y el aire sale rápidamente por la abertura del globo. Al tiempo que el aire sale por atrás, el globo se desliza hacia adelante por el cordel.

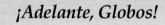

"Jugo" de Limón

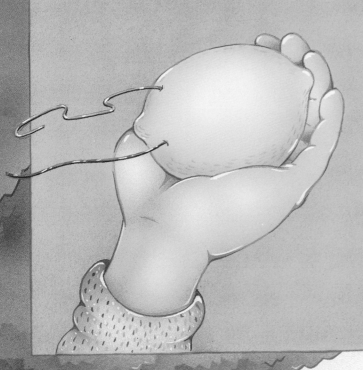

Cosas que necesitarás:
   Un limón
   Un pedazo corto de alambre de cobre
   Un sujetapapeles de acero

Lo que debes hacer: Endereza el sujetapapeles y mete un extremo en el limón, atravesando la cáscara. Mete también el alambre de cobre cerca del sujeta-papeles, pero sin que lo toque. Agarra juntos los extremos del alambre y del sujetapapeles y tócalos con tu lengua. ¿Sientes picazón u hormigueo?

La física en acción: El jugo de limón proporciona la ruta para el intercambio de electrones entre los dos alambres. Tu lengua húmeda completa el circuito necesario para que fluyan los electrones, de modo que la corriente fluye por tu lengua. Tú sientes la corriente como un minúsculo cosquilleo u hormigueo.

Huevos que se Mueven

Cosas que necesitarás:
   Un huevo fresco   Un huevo duro

Lo que debes hacer: Haz girar el huevo duro sobre una mesa como si fuera un trompo. Déjalo moverse por un momento. Páralo, pero *inmediatamente* quita la mano, soltándolo. Haz lo mismo con el huevo crudo. Uno de los huevos empezará a moverse–un poquito solamente–despúes de que lo sueltes. ¿Cuál de ellos? ¿Por qué?

La física en acción: El huevo crudo comenzará a moverse de nuevo porque tiene líquido en el centro. A pesar de que paras el huevo para que no gire más, la inercia mantiene al líquido moviéndose adentro porque no está fijo al cascarón. Cuando sueltas el cáscarón, el líquido, que continúa girando, hace que el cascarón comience a moverse de nuevo.

Tapón Parado

Cosas que necesitarás:
Un corcho
Una aguja de coser
Un pedazo de alambre grueso
    de unos 30 cm de largo
Una manzana

Lo que debes hacer: Usa un dedal o unas pinzas (alicates) para empujar la punta de la aguja que tiene el ojo, dentro del extremo del corcho. Dobla el alambre en forma de semicírculo. Mete una punta del alambre en uno de los costados del corcho y la otra punta al costado de la manzana. Apoya la punta de la aguja cerca del borde de una mesa de trabajo o de una repisa. Dobla el alambre, si es necesario, de manera que el corcho esté parado, derecho, en la aguja.

La física en acción: ¿Qué hace que el corcho y la aguja se mantengan derechos? El aparato que construiste tiene un centro de gravedad en la parte más pesada o cerca de ella: la manzana. El aparato se equilibra, cuando su centro de gravedad está directamente debajo de su punto de apoyo: la aguja. Cualquier objeto que cuelga se equilibra cuando su centro de gravedad está directamente debajo de su punto de apoyo.

Acto de Equilibrio

Cosas que necesitarás:
Un tenedor viejo de cocina   Un fósforo de madera
Una cuchara vieja de cocina   Un vaso de beber

Lo que debes hacer: Empuja cuidadosamente el hueco de la cuchara entre los dientes o puntas del tenedor. El tenedor y la cuchara deben formar entre ellos una V muy abierta. Introduce el fósforo en el tenedor, como se muestra en la ilustración, y cuelga el aparato del borde del vaso. ¿El tenedor y la cuchara parecen flotar en el aire? Ajusta el fósforo, la cuchara y el tenedor hasta que se equilibren como aparece a la derecha.

La física en acción: No hay magia aquí. Es el centro de gravedad nuevamente en operación. El centro de gravedad de la cuchara y del tenedor está en algún punto entre los mangos de ambos. No está ni en el tenedor, ni en la cuchara. El tenedor y la cuchara se equilibrarán en el fósforo cuando su centro de gravedad esté directamente debajo de su punto de apoyo: el punto donde el fósforo descansa en el vaso.

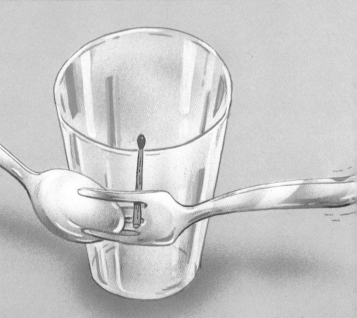

90

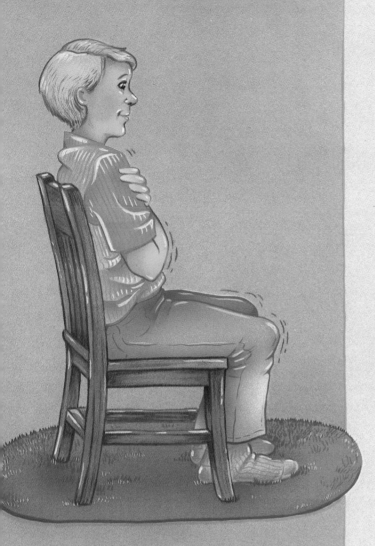

Destinados a Equilibrarse

Cosas que necesitarás:
   Un juego de enciclopedias u otros volúmenes
      del mismo tamaño

Lo que debes hacer: Amontona los libros al borde de un escritorio, de manera que cada uno sobresalga por encima del otro. Cada libro debe sobresalir más allá del libro anterior. Utilizando siete u ocho volúmenes, ¿puedes lograr que el último libro de arriba esté completamente fuera del borde de la mesa? (Sugerencia útil: empuja los libros inferiores hacia afuera menos que los libros superiores.)

La física en acción: Una vez más, el centro de gravedad es la clave. Los libros no se caerán si el centro de gravedad de cualquier grupo de libros está sobre el libro que lo sostiene. Por ejemplo, si tienes ocho libros en el montón, mira los tres que están más arriba–los libros ocho, siete y seis. Si el centro de gravedad de esos tres juntos está por encima del libro número cinco, el libro número cinco los sostendrá. Si no, los libros de arriba se caerán.

Pegado al Asiento

Cosas que necesitarás:
   Una silla de respaldo recto

Lo que debes hacer: Siéntate con la espalda recta y plana contra la silla. Cruza los brazos enfrente de ti. ¿Puedes levantarte sin inclinarte hacia adelante?

La física en acción: Es muy probable que te hayas quedado sentado. En esa posición, tu centro de gravedad está sobre tu asiento. Para levantarte, tienes que inclinarte hacia adelante, moviendo el centro de gravedad sobre los pies.

GLOSARIO

A continuación encontrarás definiciones de las palabras o términos que aparecen en el libro con **letras negritas**.

Adhesión: fuerza de atracción entre las moléculas de dos clases diferentes de sustancias.

Aislante: material que absorbe la energía y no la transfiere.

Ángulo de incidencia: en una superficie que refleja, el ángulo entre la trayectoria de la luz que entra y una línea imaginaria que sale de la superficie directo hacia afuera.

Ángulo de reflexión: en una superficie que refleja, el ángulo entre la luz que se refleja y una línea imaginaria que sale de la superficie directo hacia afuera.

Arco parabólico: curva que describe la trayectoria de un objeto que es lanzado, cuando ese objeto está bajo la influencia de la fuerza de gravedad.

Átomo: la partícula entera más pequeña de un elemento. Las moléculas están formadas por átomos. Un átomo tiene un núcleo o centro, rodeado de uno o más electrones.

Aurora austral: una reluciente y parpadeante cortina de luz cerca de la región antártica. Es causada por partículas solares cargadas de electricidad, que se encuentran dentro del campo magnético de la Tierra.

Aurora boreal: una reluciente y parpadeante cortina de luz que algunas veces se puede observar en el cielo, en lugares cerca de la región ártica. Es causada por partículas solares cargadas de electricidad, que se encuentran dentro del campo magnético de la Tierra.

Campo magnético: área donde una fuerza magnética está en vigor. Un campo magnético describe una curva desde uno de los polos del imán hasta el otro, y es más fuerte cerca de los polos.

Célula fotovoltaica: ver *Célula solar*.

Célula solar: aparato compuesto de alambres y capas de silicio, en el cual la luz del sol estimula el movimiento de los electrones para producir electricidad. También se conoce como célula fotovoltaica.

Centro de gravedad: lugar donde parece estar concentrado todo el peso de un objeto.

Circuito eléctrico: vuelta completa de conductores de electricidad que incluye una fuente de energía y, frecuentemente, un artefacto eléctrico.

Cohesión: fuerza de atracción entre las moléculas de una determinada sustancia.

Compresión: en una longitud de onda de sonido, la parte de una ésta donde las moléculas de aire están apretadas unas contra otras.

Condensación: proceso por el cual una sustancia cambia de gas a líquido.

Conductor: un material que transfiere corriente eléctrica o calor. El cobre y el aluminio son buenos conductores tanto de electricidad como de calor.

Corriente alterna: chorro de electrones que cambia de dirección a intervalos periódicos. La electricidad que se provee a los hogares es corriente alterna.

Corriente continua o directa: flujo continuo de electrones, como el que uno obtiene de una batería.

Cristal: la estructura rígida de las moléculas que constituyen un sólido.

Dispersión: proceso en el cual los rayos solares pegan contra minúsculas partículas en la atmósfera y rebotan en todas direcciones, haciendo que el cielo luzca azul o rojizo, dependiendo de la hora del día.

Ecolocalización: sistema usado por los murciélagos y otros animales para encontrar su camino--y su comida. El murciélago emite sonidos, y entonces usa los ecos para localizar obstáculos o presas.

Electricidad estática: conjunto de cargas eléctricas sin equilibrio (positivas o negativas), que se acumulan en un lugar, como una nube.

Electrón: partícula del átomo con carga negativa que se mueve alrededor del núcleo o centro del átomo.

Energía cinética: la energía de movimiento. Cuando haces cualquier movimiento, automáticamente tienes energía cinética de ese movimiento.

Energía elástica: una clase de energía potencial que se encuentra en una sustancia que ha cedido a la acción de la fuerza. La energía elástica ayudará a que la sustancia recobre su forma original una vez que la fuerza ha sido eliminada.

Energía potencial: energía almacenada.

Espectro: en física, la gama de longitudes de ondas de la radiación electromagnética. Un arco iris muestra sólo una pequeña parte del espectro – los colores que constituyen la luz visible.

Espectro electromagnético: la serie completa de ondas electromagnéticas, incluyendo los rayos X, la luz visible y las ondas de radio y televisión.

Evaporación: proceso por el cual un líquido cambia de estado y se convierte en un gas.

Flotabilidad: la capacidad de flotar que tiene un objeto. Un objeto flotante pesa lo mismo que el agua que desplaza.

Fluido no newtoniano: fluido que se comporta como un líquido en algunos aspectos y como un sólido, en otros.

Frecuencia: forma de medir las ondas por la cual sabemos cuántas de ellas pasan por un lugar determinado en un segundo.

Fricción: fuerza que actúa cuando dos superficies rozan una contra la otra. La fricción tiende a disminuir la velocidad de los objetos o a impedirles el movimiento.

Fuerza: empujón o tirón que se le da a un objeto.

Fuerza ascensional: fuerza hacia arriba que resulta cuando la presión del aire bajo las alas es mayor que la presión sobre ellas. La fuerza ascensional hace posible el vuelo de los pájaros y de los aviones.

Fuerza centrífuga: la de sentido opuesto a la centrípeta; aparece junto con ésta como consecuencia de la ley de acción y reacción.

Fuerza centrípeta: la que causa que un objeto gire en trayectoria circular, es decir, hacia el centro de curvatura. Se presenta en cualquier movimiento no lineal.

Fulcro: punto de una palanca donde la misma gira o da vueltas. El fulcro puede estar en cualquiera de los extremos de una palanca o en algún punto intermedio, dependiendo del género de palanca.

Gravedad: fuerza de atracción entre dos objetos cualquiera del universo que tienen materia o sustancia. La fuerza de gravedad mayor que te atrae proviene de la Tierra.

Inercia: propiedad o cualidad que tiende a mantener un objeto, que ya está en movimiento, moviéndose en línea recta.

Iridiscencia: color brillante y reluciente causado por la reflexión, la desviación y la unión de ondas luminosas cuando chocan contra ciertos pájaros, mariposas y minerales.

Ley de la reflexión: en una superficie que refleja la luz, el ángulo de la luz incidente es igual al ángulo de la luz reflejada.

Longitud de onda: distancia entre una cresta o cima de una onda y la próxima cresta. La longitud de una onda luminosa determina su color. La longitud de una onda sonora determina el tono que escuchas.

Luz visible: pequeña parte del espectro electromagnético que consiste en longitudes de ondas luminosas visibles, incluyendo todos los colores del arco iris.

Microondas: ondas de radio con longitudes de onda corta, utilizadas para las comunicaciones por satélite y para cocinar.

Molécula: la menor partícula pura de una sustancia, mucho menor de lo que el ojo puede ver. Las moléculas están constituidas de átomos.

Movimiento armónico simple: cualquier movimiento repetitivo con un tiempo de repetición uniforme. El péndulo de un reloj se mueve de esta forma.

Normal: línea que sale perpendicular de una superficie que refleja. Los ángulos de reflexión se miden partiendo de la normal.

Ondas de compresión: ondas, como las ondas sonoras, que se mueven a través de una sustancia acercando y separando las moléculas unas de otras.

Ondas infrarrojas: ondas electromagnéticas invisibles que puedes sentir en forma de calor.

Ondas de radio: ondas electromagnéticas usadas para la comunicación a distancia.

Palanca: máquina simple que consiste en una barra que se mueve alrededor de un punto fijo. Uno ejerce fuerza en una parte de la palanca y la otra mueve algo.

Pigmentos: sustancias químicas que absorben algunas longitudes de ondas luminosas y reflejan otras que tú percibes como colores.

Polos magnéticos: en la Tierra, dos lugares que se encuentran, uno cerca del Polo Norte y otro cerca del Polo Sur, donde el campo magnético de la Tierra está más concentrado.

Presión atmosférica: presión causada por el peso del aire que rodea la Tierra. La presión atmosférica disminuye según uno se eleva sobre el nivel del mar.

Principio de Bernoulli: ley de física que dice: La presión que ejerce un fluido disminuye según el fluido aumenta en velocidad.

Prisma: pedazo de cristal cortado u otro material transparente con tres lados por lo menos. Un prisma separa la luz blanca en los diferentes colores que la componen.

Proyectil: objeto que atraviesa el aire o el espacio pero no con su propia fuerza. Un objeto lanzado es un proyectil.

Rarefacción: parte de la longitud de una onda sonora en la cual las moléculas están muy apartadas las unas de las otras.

Resistencia: acción por la cual un objeto rechaza el movimiento.

Rayos gamma: clase de ondas electromagnéticas que llevan la mayor cantidad de energía. Liberadas por las reacciones nucleares, pueden atravesar la mayoría de las sustancias, incluyendo el concreto.

Rayos ultravioleta: ondas luminosas invisibles para los seres humanos, pero visibles para la mayoría de los insectos. Los rayos ultravioleta causan quemaduras en la piel.

Rayos X: rayos electromagnéticos invisibles que son útiles para sacar fotografías de los dientes y los huesos.

Tensión superficial: tendencia de un líquido a mantenerse unido en la superficie como si tuviera una capa o película.

Transformador: aparato que se usa para disminuir o aumentar el voltaje eléctrico.

Vapor de agua: agua en forma de gas. El vapor es agua vaporizada.

Viscosidad: fricción interna en un líquido causada por las moléculas al rozar unas con otras. Un líquido de alta viscosidad, como la miel, fluye lentamente.

INDICE ALFABÉTICO

Los caracteres **en negrita** indican ilustraciones; los otros se refieren al texto.

ALAN BECKER

El físico Ilan Chabay y sus estudiantes se maravillan ante los brillantes colores de las burbujas de jabón. Hay mucho que preguntarse sobre las burbujas de jabón. ¿Qué hace que se mantengan enteras? ¿Por qué brillan sus colores? ¿Por qué reflejan las luces del fotógrafo? Pues, ¡porque es la física, naturalmente!

DENNIS HAMILTON, JR.

CUBIERTA: *El joven pone las manos sobre un generador de Van de Graaff. Este tipo de generador produce fuertes cargas de energía eléctrica negativa en la esfera plateada. Cuando se toca la esfera, las cargas negativas corren por su cuerpo y se repelen unas a otras, de manera que el pelo se para de puntas—cada pelo tan lejos de los otros como puede. La carga produce picazón, pero no hace daño.*

LA FÍSICA ES DIVERSIÓN

por Susan McGrath

PUBLICADO POR LA
NATIONAL GEOGRAPHIC SOCIETY
WASHINGTON, D.C.

Gilbert M. Grosvenor, *President*
Melvin M. Payne, *Chairman of the Board*
Owen R. Anderson, *Executive Vice President*
Robert L. Breeden, *Senior Vice President*
Publications and Educational Media

PREPARADO POR LA DIVISIÓN DE PUBLICACIONES
ESPECIALES
Y DE SERVICIOS ESCOLARES

Donald J. Crump, *Director*
Philip B. Silcott, *Associate Director*
Bonnie S. Lawrence, *Assistant Director*

EDICIÓN EN ESPAÑOL

Pedro Larios Aznar, *Revisión Técnica y Adaptación*
Maria Teresa Sanz de Larios, *Editora*
Berta Martín de Nicolás, *Traductora*

Coedición:
Promociones Don d'Escrito, S.A. de C.V.
C.D. Stampley Enterprises, Inc.